危险化学品从业人员安全培训系列教材

危险化学品使用安全

方文林　主编

中国石化出版社

内 容 提 要

　　本书从危险化学品使用单位界定及范围、应具备的条件、从业人员应具备的素质与条件和现场应具备的标志标识出发,介绍了危险化学品使用企业应具备的各方面条件,讲述了危险化学品使用企业"新改扩"建设项目"三同时"和行政许可要求,全面讲解了危险化学品使用许可、安全使用技术和危险化学品使用企业隐患治理的依据和方法,从最新的要求出发重点概述了危险化学品使用单位标准化,详细介绍了危险化学品使用单位职业卫生的管理要求,阐述了危险化学品使用企业应急预案简明化的要求和应急处置技术,还阐述了使用设施安全的相关内容。

　　本书适用于化工、精细化工、非化工等危险化学品使用单位各层次领导人员、安全管理人员和作业人员培训使用,可作为危险化学品相关科研院所和大专院校相关专业的教师、学生学习教材,也可作为国家各级政府危险化学品监管部门危险化学品安全监管人员的参考用书。

图书在版编目(CIP)数据

危险化学品使用安全 / 方文林主编. —北京:
中国石化出版社, 2018.6
危险化学品从业人员安全培训系列教材
ISBN 978-7-5114-4888-0

Ⅰ. ①危… Ⅱ. ①方… Ⅲ. ①化工产品-危险物品
管理-安全培训-教材 Ⅳ. ①TQ086.5

中国版本图书馆 CIP 数据核字(2018)第 121561 号

中国石化出版社出版发行
地址:北京市朝阳区吉市口路 9 号
邮编:100020　电话:(010)59964500
发行部电话:(010)59964526
http://www.sinopec-press.com
E-mail:press@sinopec.com
北京柏力行彩印有限公司印刷
全国各地新华书店经销

*

787×1092 毫米 16 开本 9 印张 221 千字
2018 年 8 月第 1 版　2018 年 8 月第 1 次印刷
定价:38.00 元

《危险化学品使用安全》
编 委 会

主　编　方文林

编写人员　孟庆武　王　雷　田刚毅

　　　　　綦长茂　鲜爱国　程　军

　　　　　马洪金　张鲁涛　陈凤棉

审稿专家　李东洲

前　言

除了危险化学品生产单位、经营单位、储运单位等外，危险化学品的使用单位大量且普遍存在，这些单位往往不被安全监管部门重视，但近年来，国内外使用危险化学品单位发生多起泄漏、燃烧、爆炸、中毒等安全生产事故或环境污染事故，造成大量人员伤亡、环境污染和财产损失。为了加强使用危险化学品的化工行业和非化工行业安全生产工作，全面落实企业主体责任和政府主管部门监管责任，有效防范泄漏、燃烧、爆炸、中毒等事故发生。必须全面规范严格管理危险化学品的使用单位，其使用条件（包括工艺）应当符合法律、行政法规的规定和国家标准、行业标准的要求，并根据所使用危险化学品的种类、危险特性以及使用量和使用方式，建立健全使用危险化学品的安全管理规章制度和安全操作规程，保证危险化学品的安全使用。

为加强对危险化学品使用的安全管理，必须从建设阶段开始就为后续的生产过程创造必要的安全条件，2011 年 2 月 1 日，国家安全生产监督管理总局颁布实施《建设项目安全设施"三同时"监督管理暂行办法》（国家安全生产监督管理总局令第 36 号公布，2015 年 4 月 2 日国家安全监管总局令第 77 号修正为《建设项目安全设施"三同时"监督管理办法》）；2012 年 4 月 1 日，国家安全生产监督管理总局颁布实施《危险化学品建设项目安全监督管理办法》（国家安全监管总局令第 45 号公布，2015 年 5 月 27 日国家安全监管总局令第 79 号修正）。36 号令和 45 号令确立了危险化学品建设项目安全审查范围、受理部门，规定了建设项目的设立安全条件审查、安全设施设计审查、施工、监理、试生产（使用）和安全设施竣工验收的程序及内容。从源头上保证了使用单位的安全。

《危险化学品安全管理条例》（国务院令第 591 号），明确规定使用危险化学品从事生产并且使用量达到规定数量的化工企业应当取得危险化学品安全使用许可证，并对使用危险化学品从事生产的安全条件提出了的要求。从化学原料及化学制品制造业、医药制造业、化学纤维制造业三个典型的制造业（大类）化工行业剔除部分涉及化工工艺普遍简单，所用危险化学品量一般较少的小类行业后，作为使用许可范围，将重点监管的危险化学品作为使用许可品种。使用量的数量标准，拟以企业危险化学品10天设计用量是否达到重大危险源临界量作为依据，规定了使用许可单位必须具备相对应的硬件和软件条件。

使用单位必须全面落实危险化学品使用过程的安全控制措施、技术措施和管理措施，保证工作场所使用危险化学品安全。加强使用设施的监控报警特别是涉及到重大危险源的使用设施，必须按照 AQ 3035—2010《危险化学品重大危险源安全监控通用技术规范》、AQ 3036—2010《危险化学品重大危险源 罐区现场安全监控装备设置规范》的要求全面做好监控联锁的设置，确保安全稳定运行。生产、研发活动中使用危险化学品的工业企业(含冶金、有色、建材、机械、轻工、纺织、烟草等行业)，必须开展隐患排查和治理，消除事故隐患，提高使用场所的本质安全，切实维护人民生命财产安全，确保安全生产形势稳定好转。使用单位应建立并保持安全生产管理体系，全面管控生产经营活动各环节的安全生产与职业卫生工作。新改扩建项目必须遵循职业病防护设施"三同时"，编制职业病防治规划，搞好职业卫生管理。

鉴于此，笔者结合近年来政府对使用单位的管理要求、国内外使用危险化学品单位发生多起泄漏、燃烧、爆炸、中毒等安全生产事故案例，对使用单位界定范围、从业人员和使用现场应具备的条件、"新改扩"建设项目"三同时"、使用行政许可、安全使用技术、隐患排查治理、标准化、职业卫生管理、应急管理等内容进行了全面阐述。以便于政府对使用单位的监管和使用单位强化使用安全。

由于水平有限和时间仓促，书中不妥之处请读者提出宝贵意见和建议，以便再版时修正。

目　　录

第1章　危险化学品使用单位条件和安全监管

1.1　危险化学品使用单位界定及范围

使用单位是指使用危险化学品从事生产的单位，包括使用危险化学品进行生产但产品和中间产品都不是危险化学品的化工企业；打火机生产、喷涂漆、轴承生产(使用煤油)、冷冻业及其他大量使用危险化学品的行业；电镀、漂染、纺织、制革、印刷、电子等工贸行业使用危险化学品的企业；建筑施工中使用危险化学品的企业；大量使用危险化学品如汽油、试剂等用作维修清洗且设有危险化学品专用仓库的企业，不包括使用危险化学品的个体家庭及城市燃气、天然气的使用。

使用危险化学品从事生产并且使用量达到规定数量的化工企业(属于危险化学品生产企业的除外)，应当取得危险化学品安全使用许可证。危险化学品使用量的数量标准，由国务院安监部门会同国务院公安部门、农业部门确定并公布。纳入安全许可的使用单位指使用危险化学品从事生产且使用量达到规定数量的化工企业。

使用安全是指使用危险化学品的单位，其使用条件(包括工艺)应当符合法律、行政法规的规定和国家标准、行业标准的要求，并根据所使用危险化学品的种类、危险特性以及使用量和使用方式，建立健全使用危险化学品的安全管理规章制度和安全操作规程，保证危险化学品的安全使用。

1.2　危险化学品使用企业应具备的条件

申请危险化学品安全使用许可证的化工企业，应当具备下列条件：

① 符合法律、行政法规的规定和国家标准、行业标准的要求；

② 根据所使用危险化学品的种类、危险特性以及使用量和使用方式，建立健全使用危险化学品的安全管理规章制度和安全操作规程；

③ 有与所使用的危险化学品相适应的专业技术人员；

④ 有安全管理机构和专职安全管理人员；

⑤ 有符合国家规定的危险化学品事故应急预案和必要的应急救援器材、设备；

⑥ 依法进行了安全评价。

1.3　危险化学品使用企业存在的问题

许多危险化学品使用单位对安全生产工作认识不到位，管理不严格，存在问题较多；政府部门对危险化学品使用单位安全监管工作重视不够，疏于管理。突出表现在以下几个方面：

(1) 对安全生产的重要性认识不足。一些企业对安全第一，预防为主的道理都清楚，但落实到具体工作上，差距较大。重生产、重效益、轻安全，甚至有侥幸心理。有的企业，特别是一些小企业的负责人，对危险化学品的特性不了解，对国家关于危险化学品安全管理的法律、法规不熟悉，企业管理制度、操作规程不完善，必要的安全防护设施和设备不全，甚至缺乏正规的工艺设计，盲目生产经营。

（2）生产现场存在诸多安全隐患。主要表现为：部分企业对外来施工队伍管理不严，对进入防火防爆场所施工的施工机具、电气设备、施工人员持证情况不审核，外来施工队伍随意进出厂区，烟火控制不严，车辆不戴阻火器，临时用电审批不严，电线在地上乱拉乱接；一些企业电器线路及设施达不到系统防爆要求，灯具、开关不防爆，线路采用普通塑料管且密封不严，电气开关没有做到一机一闸一保护（触电保护器），防爆区域内使用非防爆的手电、应急灯、空调、热水器等；许多企业生产设备锈蚀严重，没有建立设备维护保养制度，阀门、管线常年不维修保养，跑、冒、滴、漏现象严重，设备本质安全得不到保障；多数企业压力容器、压力管道等特种设备没有按规定办理使用登记证和岗位人员操作证，个别压力容器超期不检验，安全阀、压力表不及时校验，液氯钢瓶、液氨储罐锈蚀严重。

（3）安全教育培训不落实。特种作业人员未持证上岗问题较为突出。企业对职工的安全教育培训力度不够，尤其对雇用的农民工、临时工，缺乏基本的安全培训，持证率低，安全素质差，不能适应危险化学品使用单位人员素质要求。

1.4　危险化学品使用单位的安全监管

1.4.1　落实行业管理责任加强部门监管

危险化学品广泛用于社会生产生活中。除化工行业外，大量非化工行业的生产、经营企业和事业单位需使用危险化学品，尤其是食品冷冻、自来水和游泳池消毒、医疗卫生、大中学校实验室、殡葬机构等领域，大量使用液氨、液氯等易燃易爆、有毒有害的危险化学品，加强非化工行业的安全生产监督管理工作刻不容缓。

（1）落实行业主管部门责任。实行"管行业必须管安全，管生产必须管安全"的原则，各使用单位的行业主管部门要认真履行安全监管职责，尤其是各种冷冻库、自来水生产、游泳池、大中学校化学实验、各级卫生医疗机构、家具生产和制革等领域的行业主管部门，要切实履行好安全生产的监管责任。

要按照《危险化学品安全管理条例》的规定，强化部门监管。安监、公安、质监、环保、交通、工商、卫生等各负有危险化学品安全监管职责的部门要在各自的职责范围内认真履行职责，各司其职，各尽其责，严格把好准入、审批、许可等各个关口，切实抓好危险化学品使用环节的安全监管工作。

（2）充分发挥各级政府安办、危险化学品厅（局）级联席会议作用，加强对非化工企业使用危险化学品的综合监管。一是在每半年组织召开的危险化学品联席会上，通报使用企业安全监管工作情况，根据具体情况，组织相关行业管理部门对事故隐患集中或危险性较大的领域开展专项整治工作。二是督促行业管理部门认真履行行业管理职责，加强对使用单位的安全监管，确保使用单位严格执行国家有关法律、法规及标准、规范规定。三是建立函告制度，对安全生产工作存在问题较多的行业管理部门提出工作建议，发送建议函。四是建立重大隐患挂牌督办制度，对经有关部门确定，使用单位存在重大安全隐患进行挂牌督办，指导协调、督促有关部门依法责令其停产停业或者立即停止使用设施、设备。

（3）抓好事故隐患的整改落实。各市要按照属地管理的原则，对专家查出的问题和隐患，督促危险化学品使用单位采取有利措施，尽快制定整改方案，逐条落实整改责任，限期整改。凡存在重大隐患、安全生产得不到保证的，要责令立即停产停业进行整改，整改不力的，报当地政府予以关闭，并做好跟踪督查，抓好落实。

（4）强化安全教育培训。各级安监部门要切实负起使用单位主要负责人和安全管理人员培训、考核责任，强化培训，严格考核，确保其安全生产知识和管理能力符合任职要求，强化使用单位主要负责人和安全管理人员培训；特种作业人员要按照国家有关规定经专门的安全作业培训，持证上岗，危险化学品使用单位特种作业人员持证率必须达到100%；企业要加强内部职工培训，所有从业人员未经安全生产教育培训合格，不得上岗作业。

（5）严格落实法律法规的有关规定要求。危险化学品使用单位应设置安全生产管理机构、配备安全管理人员或者聘用、委托注册安全工程师（安全助理）提供安全生产管理服务；督促危险化学品使用单位，落实有关要求，对使用危险化学品的生产、储存装置进行安全评价，发现和消除事故隐患和设备缺陷，问题严重，一时难以整改的，要立即停止使用，并采取相应的安全措施；认真落实建设项目安全设施"三同时"监督管理的有关规定，从源头上防止事故隐患，保障安全生产。

1.4.2　规范危险化学品使用管理

近年来，国内外非化工行业使用危险化学品发生多起泄漏、燃烧、爆炸、中毒等安全生产事故或环境污染事故，造成大量人员伤亡、环境污染和财产损失。必须加强使用危险化学品的非化工行业安全生产工作，全面落实企业主体责任和部门监管责任，有效防范泄漏、燃烧、爆炸、中毒等事故发生。

（1）加强组织领导，切实落实安全生产责任

① 认真履行安全生产监管职责，加强组织领导，严格执行行政首长安全生产负责制和领导班子成员"一岗双责"制，管行业必须管安全，管生产必须管安全。

② 各级政府相关部门是本系统、本行业使用危险化学品安全监管工作的责任部门，要坚持"谁主管、谁负责"的原则，进一步建立健全安全生产责任制，强化对本系统、本行业的安全监管，加强安全工作的检查力度，督促使用单位依法加强管理，建立健全使用危险化学品相关规章制度并严格落实。

（2）全面落实危险化学品使用单位的安全生产主体责任

① 危险化学品使用单位（以下简称使用单位）是安全生产的责任主体，应当按规定设置安全生产管理机构或配备专职安全生产管理人员，全面落实安全生产主体责任，保证本企业具备法律、行政法规和国家标准或者行业标准规定的安全生产条件，建立和完善安全生产责任体系，建立健全各项安全生产管理责任制度和操作规程，明确和落实安全生产岗位责任。

② 使用单位的危险化学品生产、储存设施，厂房布局必须由具有相应资质的设计机构依照国家相关标准进行设计；未经设计的使用单位必须由具有相应资质的安全评价机构进行安全评价，并出具诊断安全评价报告，合格者方可继续使用，否则一律停用。

③ 建立和不断完善安全生产规章制度。使用单位必须建立健全危险化学品使用场所和储存场所的安全生产规章制度，至少包括下列内容：安全教育和培训；安全生产检查；设备设施安全管理；劳动防护用品配备和管理；生产安全事故报告和处理；隐患排查与整改；危

险作业管理；危险化学品储存与使用；作业场所防火、防爆、防毒管理、关键装置与重点部位管理、承包商管理等制度。

④ 加强重点部位和关键岗位的管理。使用单位设置专用危险化学品库房，指定专人负责管理，库房要符合相关标准、规范，并设置通风、防火、防爆等设施。危险化学品的储存方式、方法与数量应当符合 GB 15603—1995《常用化学危险品贮存通则》等国家标准。在重要岗位、重要设备设施、重大危险源、危险区域应设置安全警示标志，在有可燃或有毒气体的作业场所，设置可燃或有毒气体检测报警装置并与排风装置联锁，使用液氨、液氯的单位必须安装泄漏报警装置。

构成重大危险源的使用单位，要对照《危险化学品重大危险源监督管理暂行规定》(国家安全监管总局令第 40 号)的要求，对危险化学品重大危险源自动控制措施进行评估整改，改造危险化学品的自动化监测监控系统，完善监控措施，全面实现危险化学品重大危险源温度、压力、液位、流量、可燃有毒气体泄漏等重要参数自动监测监控、自动报警、联锁和连续记录。

⑤ 加强设备管理，确保设备设施完整性。使用单位应当在有较大危险因素场所的有关设施、设备上设置明显的安全警示标志，张贴安全操作规程，对设备进行经常性维护、保养，并定期检测，保证正常运转。

特种设备、容器、运输工具、安全设备设施、安全附件、安全防护装置要进行定期检测、检验和维护，并作好记录，对超过使用年限或不满足使用要求的，及时予以报废或更新、改造。

⑥ 制定事故应急救援预案。使用单位应根据所使用危险化学品的危险特性，制定相应的事故应急救援预案，配备应急救援人员和必要的应急救援器材、设备，定期组织应急救援宣传、教育、培训、演练。

⑦ 加强人员培训教育。使用单位主要负责人、安全生产管理人员应进行安全培训，具备与本单位所从事的生产经营活动相适应的安全生产知识和管理能力后，方可上岗。特种作业人员必须经专门的安全技术培训并经考核合格，取得《特种作业操作证》后，方可上岗作业。

⑧ 建立使用单位安全生产情况报告制度。使用单位应当每年初向当地县级行业主管、安全监管、环保部门报告本单位使用危险化学品的安全管理情况，报告内容包括本单位使用危险化学品的品种、数量、生产工艺、设备运行、内外部安全距离、安全管理、是否租赁等内容。转产、停产、停业或者解散的，应当采取有效措施，处置危险化学品的储存设备及原料，并将处置方案于停产前报所在县级环保、行业主管、安全监管等部门。

第2章 危险化学品使用单位"新改扩"建设项目行政许可

2.1 危险化学品建设项目安全审查

为加强对危险化学品使用的安全管理，必须从建设阶段开始就为后续的生产过程创造必要的安全条件，为此，2011—2012年，国家安监总局根据《安全生产法》和新修订的《危险化学品安全管理条例》(国务院令第591号)专门制定了《建设项目安全设施"三同时"监督管理暂行办法》(国家安监总局令第36号)和《危险化学品建设项目安全监督管理办法》(国家安监总局令第45号)，以规范危险化学品建设项目安全审查工作，这个《办法》自2012年4月1日起施行。国家安监总局2006年9月2日公布的《危险化学品建设项目安全许可实施办法》(国家安监总局令第8号)同时废止。

2015年4月2日国家安全生产监督管理总局公布了第77号令，对《建设项目安全设施"三同时"监督管理暂行办法》(国家安监总局令第45号)进行了修改，自2015年5月1日起施行。

2.1.1 危险化学品建设项目安全审查范围的界定

建设项目是指经县级以上人民政府及其有关主管部门依法审批、核准或者备案的储运单位新建、改建、扩建工程项目。

建设项目安全设施，是指储运单位在生产经营活动中用于预防生产安全事故的设备、设施、装置、构(建)筑物和其他技术措施的总称。

使用单位是建设项目安全设施建设的责任主体。建设项目安全设施必须与主体工程同时设计、同时施工、同时投入生产和使用(以下简称"三同时")。安全设施投资应当纳入建设项目概算。

中华人民共和国境内从事危险化学品生产、储存、使用、经营的单位在新建、改建、扩建危险化学品生产、储存的建设项目以及伴有危险化学品产生的化工建设项目(包括危险化学品长输管道建设项目)属于安全审查范围。而危险化学品的勘探、开采及其辅助的储存，原油和天然气勘探、开采的配套输送及储存，城镇燃气的输送及储存等建设项目，不属于安全审查范围。

建设项目安全审查，包括建设项目安全条件审查、安全设施的设计审查。

2.1.2 危险化学品建设项目安全审查的受理部门

建设项目的安全审查由建设单位申请，安监部门根据规定分级负责实施。建设项目未通过安全审查的，不得开工建设或者投入生产(使用)。

各级安监部门具体分工如下：

(1) 国家安全生产监督管理总局

国家安全生产监督管理总局对全国建设项目安全设施"三同时"实施综合监督管理，并在国务院规定的职责范围内承担有关建设项目安全设施'三同时'的监督管理。受理下列建设项目的安全审查：国务院审批（核准、备案）的建设项目；跨省、自治区、直辖市建设项目的安全审查。

（2）县级以上地方各级安全生产监督管理部门

县级以上地方各级安全生产监督管理部门对本行政区域内的建设项目安全设施"三同时"实施综合监督管理，并在本级人民政府规定的职责范围内承担本级人民政府及其有关主管部门审批、核准或者备案的建设项目安全设施"三同时"的监督管理。

跨两个及两个以上行政区域的建设项目安全设施"三同时"由其共同的上一级人民政府安全生产监督管理部门实施监督管理。

上一级人民政府安全生产监督管理部门根据工作需要，可以将其负责监督管理的建设项目安全设施"三同时"工作委托下一级人民政府安全生产监督管理部门实施监督管理。

省市安全生产监督管理局负责实施下列建设项目的安全审查：

① 国务院投资主管部门审批（核准、备案）的；

② 省市政府或省市政府相关主管部门审批（核准、备案）的；

③ 生产剧毒化学品的；

④ 跨区（县）的；

⑤ 国家安全生产监督管理总局委托实施安全审查的。

区县安全生产监督管理局负责实施下列建设项目的安全审查：

① 本行政区域内除国家和市级安全生产监督管理部门实施安全审查以外的建设项目；

② 省市安全生产监督管理局委托实施安全审查的建设项目。

安全生产监督管理部门应当加强建设项目安全设施建设的日常安全监管，落实有关行政许可及其监管责任，督促生产经营单位落实安全设施建设责任。

2.2 建设项目设立安全条件审查

2.2.1 建设项目设立安全条件审查的分级

国家安全生产监督管理总局指导、监督全国建设项目安全审查的实施工作，并负责实施国务院审批（核准、备案）的、跨省、自治区、直辖市的建设项目。

省、自治区、直辖市人民政府安全生产监督管理部门指导、监督本行政区域内建设项目安全审查的监督管理工作，负责安全审查国务院投资主管部门审批（核准、备案）的、生产剧毒化学品的、省级安全生产监督管理部门确定的国务院审批（核准、备案）的其他建设项目。确定并公布本部门和本行政区域内由设区的市级人民政府安全生产监督管理部门（以下简称市级安全生产监督管理部门）应由国家安全生产监督管理总局实施以外的建设项目，并报国家安全生产监督管理总局备案。

上级安全生产监督管理部门可以根据工作需要将其负责实施的建设项目安全审查工作委托下一级安全生产监督管理部门实施。接受委托的安全生产监督管理部门不得将其受托的建设项目安全审查工作再委托其他单位实施。委托实施安全审查的，审查结果由委托的安全生产监督管理部门负责。跨省、自治区、直辖市的建设项目和生产剧毒化学品的建设项目，不得委托实施安全审查。涉及国家安全生产监督管理总局公布的重点监管危险化工工艺的和重点监管危险化学品中的有毒气体、液化气体、易燃液体、爆炸品，且构成重大危险源的建设项目不得委托县级人民政府安全生产监督管理部门实施安全审查。

2.2.2　建设项目安全预评价

使用单位建设下列建设项目，应当在进行可行性研究时，委托具有相应资质的安全评价机构，对其建设项目进行安全预评价，并编制安全预评价报告。建设项目安全预评价报告应当符合国家标准或者行业标准的规定，还应当符合有关危险化学品建设项目的规定：

① 非煤矿矿山建设项目；

② 储存危险化学品(包括使用长输管道输送危险化学品，下同)的建设项目；

③ 储存烟花爆竹的建设项目；

④ 使用危险化学品从事生产并且使用量达到规定数量的化工建设项目(属于危险化学品生产的除外，以下简称化工建设项目)；

⑤ 法律、行政法规和国务院规定的其他建设项目。

2.2.3　建设项目设立安全条件审查应提交的资料

建设单位应当在建设项目开始初步设计前，应按要求进行网上申报并向相应的安全生产监督管理部门提交下列文件、资料申请建设项目安全条件审查：①建设项目安全条件审查申请书及文件；②建设项目安全条件论证报告；③建设项目安全评价报告；④建设项目批准、核准或者备案文件和规划相关文件的复制件[国有土地使用证等不得替代规划许可文件，对于现有企业拟建符合城市规划要求且不新增建设用地的建设项目，建设单位可仅提交建设(规划)主管部门颁发的建设工程规划许可证]；⑤工商行政管理部门颁发的企业营业执照或者企业名称预先核准通知书的复制件。

2.2.4　实施建设项目设立安全条件审查

安全生产监督管理部门对已经受理的符合安全条件审查申请条件的建设项目指派有关人员或者组织专家对申请文件、资料进行审查，并自受理申请之日起45日内向建设单位出具建设项目安全条件审查意见书。建设项目安全条件审查意见书的有效期为2年。根据法定条件和程序，需要对申请文件、资料的实质内容进行核实的，安全生产监督管理部门将指派两名以上工作人员对建设项目进行现场核查。

对下列建设项目，安全条件审查不予通过：①安全条件论证报告或者安全评价报告存在重大缺陷、漏项的，包括建设项目主要危险、有害因素辨识和评价不全或者不准确的；②建设项目与周边场所、设施的距离或者拟建场址自然条件不符合有关安全生产法律、法规、规章和国家标准、行业标准的规定的；③主要技术、工艺未确定，或者不符合有关安全生产法律、法规、规章和国家标准、行业标准的规定的；④国内首次使用的化工工艺，未经省级人民政府有关部门组织的安全可靠性论证的；⑤对安全设施设计提出的对策与建议不符合法律、法规、规章和国家标准、行业标准的规定的；⑥未委托具备相应资质的安全评价机构进行安全评价的；⑦隐瞒有关情况或者提供虚假文件、资料的。

建设项目未通过安全条件审查的，建设单位经过整改后可以重新申请建设项目安全条件审查。已经通过安全条件审查的建设项目有下列情形之一的，建设单位应当重新进行安全条件论证和安全评价，并申请审查：①建设项目周边条件发生重大变化的；②变更建设地址的；③主要技术、工艺路线、产品方案或者装置规模发生重大变化的；④建设项目在安全条件审查意见书有效期内未开工建设，期限届满后需要开工建设的。

2.3 建设项目安全设施设计审查

建设单位应当在通过安全条件审查之后委托设计单位编写危险化学品建设项目安全设施设计专篇并向相应安全生产监督管理局申报进行安全设施设计专篇审查。

2.3.1 建设项目安全设施设计及专篇

使用单位在建设项目初步设计时，应当委托有相应资质的初步设计单位对建设项目安全设施同时进行设计，编制安全设施设计。安全设施设计必须符合有关法律、法规、规章和国家标准或者行业标准、技术规范的规定以及建设项目安全条件审查意见书、AQ/T 3033《化工建设项目安全设计管理导则》对建设项目安全设施进行设计，并尽可能采用先进适用的工艺、技术和可靠的设备、设施。建设项目安全设施设计还应当充分考虑建设项目安全预评价报告提出的安全对策措施。并按照《危险化学品建设项目安全设施设计专篇编制导则》的要求编制建设项目安全设施设计专篇。

建设单位在建设项目设计合同中应主动要求设计单位对设计进行危险与可操作性（HAZOP）审查，并派遣有生产操作经验的人员参加审查，对 HAZOP 审查报告进行审核。涉及"两重点一重大"和首次工业化设计的建设项目，必须在基础设计阶段开展 HAZOP 分析。

2.3.2 设计单位的资质要求

建设项目的设计单位必须取得原建设部《工程设计资质标准》（建市〔2007〕86 号）规定的化工石化医药、石油天然气（海洋石油）等相关工程设计资质。涉及重点监管危险化工工艺、重点监管危险化学品和危险化学品重大危险源（以下简称"两重点一重大"）的大型建设项目，其设计单位资质应为工程设计综合资质或相应工程设计化工石化医药、石油天然气（海洋石油）行业、专业资质甲级。

安全设施设计单位、设计人应当对其编制的设计文件负责。

2.3.3 安全设计过程管理

在建设项目前期论证或可行性研究阶段，设计单位应开展初步的危险源辨识，认真分析拟建项目存在的工艺危险有害因素、当地自然地理条件、自然灾害和周边设施对拟建项目的影响，以及拟建项目一旦发生泄漏、火灾、爆炸等事故时对周边安全可能产生的影响。涉及"两重点一重大"建设项目的工艺包设计文件应当包括工艺危险性分析报告。在总体设计和基础工程设计阶段，设计单位应根据建设项目的特点，重点开展下列设计文件的安全评审：①总平面布置图；②装置设备布置图；③爆炸危险区域划分图；④工艺管道和仪表流程图（PI&D）；⑤安全联锁、紧急停车系统及安全仪表系统；⑥可燃及有毒物料泄漏检测系统；⑦火炬和安全泄放系统；⑧应急系统和设施。设计单位应加强对建设项目的安全风险分析，积极应用 HAZOP 分析等方法进行内部安全设计审查。

2.3.4 安全设计实施要点

设计单位应根据建设项目危险源特点和标准规范的适用范围,确定本项目采用的标准规范。对涉及"两重点一重大"的建设项目,应至少满足下列现行标准规范的要求,并以最严格的安全条款为准:GB 50187《工业企业总平面设计规范》;GB 50489《化工企业总图运输设计规范》;GB 50160《石油化工企业设计防火规范》;GB 50183《石油天然气工程设计防火规范》;GB 50016《建筑设计防火规范》;GB 50074《石油库设计规范》;GB 50493《石油化工可燃气体和有毒气体检测报警设计规范》;AQ/T 3033《化工建设项目安全设计管理导则》。

具有爆炸危险性的建设项目,其防火间距应至少满足 GB 50160 的要求。当国家标准规范没有明确要求时,可根据相关标准采用定量风险分析计算并确定装置或设施之间的安全距离。

液化烃罐组或可燃液体罐组不应毗邻布置在高于工艺装置、全厂性重要设施或人员集中场所的位置;可燃液体罐组不应阶梯布置。当受条件限制或有工艺要求时,应采取防止可燃液体流入低处设施或场所的措施。

建设项目可燃液体储罐均应单独设置防火堤或防火隔堤。防火堤内的有效容积不应小于罐组内 1 个最大储罐的容积,当浮顶罐组不能满足此要求时,应设置事故存液池储存剩余部分,但罐组防火堤内的有效容积不应小于罐组内 1 个最大储罐容积的 50%。

承重钢结构的设计应按照 GB 50153《工程结构可靠性设计统一标准》和 GB 50017《钢结构设计规范》等相关规范要求,根据结构破坏可能产生后果的严重性(人员伤亡、经济损失、对社会或环境产生影响等),确定采用的安全等级。对可能产生严重后果的结构,其设计安全等级不得低于二级。

新建生产装置必须设计装备自动化控制系统。应根据工艺过程危险和风险分析结果,确定是否需要装备安全仪表系统。涉及重点监管危险化工工艺的大、中型新建项目要按照 GB/T 21109《过程工业领域安全仪表系统的功能安全》和 GB 50770《石油化工安全仪表系统设计规范》等相关标准开展安全仪表系统设计。

液化石油气、液化天然气、液氯和液氨等易燃易爆有毒有害液化气体的充装应设计万向节管道充装系统,充装设备管道的静电接地、装卸软管及仪表和安全附件应配备齐全。

使用危险化学品的长输管道应设置防泄漏、实时检测系统(SCADA 数据采集与监控系统)及紧急切断设施。

有毒物料储罐、低温储罐及压力球罐进出物料管道应设置自动或手动遥控的紧急切断设施。

装置区内控制室、机柜间面向有火灾、爆炸危险性设备侧的外墙应为无门窗洞口、耐火极限不低于 3h 的不燃烧材料实体墙。

2.3.5 建设项目安全设施设计

应当包括下列内容:

- 设计依据;
- 建设项目概述;
- 建设项目潜在的危险、有害因素和危险、有害程度及周边环境安全分析;
- 建筑及场地布置;

- 重大危险源分析及检测监控；
- 安全设施设计采取的防范措施；
- 安全生产管理机构设置或者安全生产管理人员配备要求；
- 从业人员教育培训要求；
- 工艺、技术和设备、设施的先进性和可靠性分析；
- 安全设施专项投资概算；
- 安全预评价报告中的安全对策及建议采纳情况；
- 预期效果以及存在的问题与建议；
- 可能出现的事故预防及应急救援措施；
- 法律、法规、规章、标准规定需要说明的其他事项。

2.3.6 危险化学品使用企业的安全设施和设备设置

国家安监总局于2007年颁布了"关于印发《危险化学品建设项目安全设施目录(试行)》和《危险化学品建设项目安全设施设计专篇编制导则(试行)》的通知"(安监总危化〔2007〕225号)。有关安全设施的规定及要求摘要如下：

2.4.6.1　安全设施的含义

安全设施是指企业(单位)在生产经营活动中将危险因素、有害因素控制在安全范围内以及预防、减少、消除危害所配备的装置(设备)和采取的措施。

2.4.6.2　安全设施的分类

安全设施分为预防事故设施、控制事故设施、减少与消除事故影响设施3类。

1) 预防事故设施

(1) 检测、报警设施

压力、温度、液位、流量、组分等报警设施，可燃气体、有毒有害气体、氧气等检测和报警设施，用于安全检查和安全数据分析等检验检测设备、仪器。

(2) 设备安全防护设施

防护罩、防护屏、负荷限制器、行程限制器、制动、限速、防雷、防潮、防晒、防冻、防腐、防渗漏等设施，传动设备安全锁闭设施，电器过载保护设施，静电接地设施。

(3) 防爆设施

各种电气、仪表的防爆设施，抑制助燃物品混入(如氮封)、易燃易爆气体和粉尘形成等设施，阻隔防爆器材，防爆工器具。

(4) 作业场所防护设施

作业场所的防辐射、防静电、防噪音、通风(除尘、排毒)、防护栏(网)、防滑、防灼烫等设施。

(5) 安全警示标志

包括各种指示、警示作业安全和逃生避难及风向等警示标志。

2) 控制事故设施

(6) 泄压和止逆设施

用于泄压的阀门、爆破片、放空管等设施，用于止逆的阀门等设施，真空系统的密封设施。

(7) 紧急处理设施

紧急备用电源，紧急切断、分流、排放(火炬)、吸收、中和、冷却等设施，通入或者加入惰性气体、反应抑制剂等设施，紧急停车、仪表联锁等设施。

3）减少与消除事故影响设施

(8) 防止火灾蔓延设施

阻火器、安全水封、回火防止器、防油(火)堤、防爆墙、防爆门等隔爆设施，防火墙、防火门、蒸汽幕、水幕等设施，防火材料涂层。

(9) 灭火设施

水喷淋、惰性气体、蒸汽、泡沫释放等灭火设施，消火栓、高压水枪(炮)、消防车、消防水管网、消防站等。

(10) 紧急个体处置设施

洗眼器、喷淋器、逃生器、逃生索、应急照明等设施。

(11) 应急救援设施

堵漏、工程抢险装备和现场受伤人员医疗抢救装备。

(12) 逃生避难设施

逃生和避难的安全通道(梯)、安全避难所(带空气呼吸系统)、避难信号等。

(13) 劳动防护用品和装备

包括头部，面部，视觉、呼吸、听觉器官，四肢，躯干防火、防毒、防灼烫、防腐蚀、防噪声、防光射、防高处坠落、防砸击、防刺伤等免受作业场所物理、化学因素伤害的劳动防护用品和装备。

2.3.7 建设项目安全设施设计审查申请

建设单位应当在建设项目初步设计完成后、详细设计开始前，向出具建设项目安全条件审查意见书的安全生产监督管理部门申请建设项目安全设施设计审查，并提交下列文件资料：

① 建设项目审批、核准或者备案的文件；
② 建设项目安全设施设计审查申请；
③ 建设项目安全设施设计；
④ 建设项目安全预评价报告及相关文件资料；
⑤ 法律、行政法规、规章规定的其他文件资料。

2.3.8 建设项目安全设施设计审查实施

安全生产监督管理部门收到申请后，对属于本部门职责范围内的，应当及时进行审查，并在收到申请后 5 个工作日内作出受理或者不予受理的决定，书面告知申请人；对不属于本部门职责范围内的，应当将有关文件资料转送有审查权的安全生产监督管理部门，并书面告知申请人。

对已经受理的建设项目安全设施设计审查申请，安全生产监督管理部门应当自受理之日起 20 个工作日内作出是否批准的决定，并书面告知申请人。20 个工作日内不能作出决定的，经本部门负责人批准，可以延长 10 个工作日，并应当将延长期限的理由书面告知申请人。

安全生产监督管理部门根据需要指派 2 名以上工作人员按照法定条件和程序对申请文件、资料的实质内容进行现场核查。

建设项目安全设施设计有下列情形之一的，不予批准，并不得开工建设：

① 无建设项目审批、核准或者备案文件的；

② 未委托具有相应资质的设计单位进行设计的；

③ 安全预评价报告由未取得相应资质的安全评价机构编制的；

④ 设计内容不符合有关安全生产的法律、法规、规章和国家标准或者行业标准、技术规范的规定的；

⑤ 未采纳安全预评价报告中的安全对策和建议，且未作充分论证说明的；

⑥ 不符合法律、行政法规规定的其他条件的。

建设项目安全设施设计审查未予批准的，生产经营单位经过整改后可以向原审查部门申请再审。

已经批准的建设项目及其安全设施设计有下列情形之一的，生产经营单位应当报原批准部门审查同意；未经审查同意的，不得开工建设：

① 建设项目的规模、生产工艺、原料、设备发生重大变更的；

② 改变安全设施设计且可能降低安全性能的；

③ 在施工期间重新设计的。

2.4 建设项目安全设施的施工和监理

建设项目安全设施的施工应当由取得相应资质的施工单位进行，并与建设项目主体工程同时施工。施工单位应当在施工组织设计中编制安全技术措施和施工现场临时用电方案，同时对危险性较大的分部分项工程依法编制专项施工方案，并附有安全验算结果，经施工单位技术负责人、总监理工程师签字后实施。施工单位应当严格按照安全设施设计和相关施工技术标准、规范施工，并对安全设施的工程质量负责。

施工单位发现安全设施设计文件有错漏的，应当及时向生产经营单位、设计单位提出。生产经营单位、设计单位应当及时处理。施工单位发现安全设施存在重大事故隐患时，应当立即停止施工并报告生产经营单位进行整改。整改合格后，方可恢复施工。

工程监理单位应当审查施工组织设计中的安全技术措施或者专项施工方案是否符合工程建设强制性标准。工程监理单位在实施监理过程中，发现存在事故隐患的，应当要求施工单位整改；情况严重的，应当要求施工单位暂时停止施工，并及时报告生产经营单位。施工单位拒不整改或者不停止施工的，工程监理单位应当及时向有关主管部门报告。工程监理单位、监理人员应当按照法律、法规和工程建设强制性标准实施监理，并对安全设施工程的工程质量承担监理责任。

建设项目安全设施建成后，生产经营单位应当对安全设施进行检查，对发现的问题及时整改。

2.5 建设项目试生产（使用）

2.5.1 建设项目试生产（使用）条件

建设项目安全设施施工完成后，建设单位应当按照有关安全生产法律、法规、规章和国家标准、行业标准的规定，对建设项目安全设施进行检验、检测，保证建设项目安全设施满足危险化学品生产、储存的安全要求，并处于正常适用状态。

2.5.2 试生产(使用)方案

建设单位应当组织建设项目的设计、施工、监理等有关单位和专家，研究提出建设项目试生产(使用)[以下简称试生产(使用)]可能出现的安全问题及对策，并按照有关安全生产法律、法规、规章和国家标准、行业标准的规定，制定周密的试生产(使用)方案。试生产(使用)方案应当包括下列有关安全生产的内容：①建设项目设备及管道试压、吹扫、气密、单机试车、仪表调校、联动试车等生产准备的完成情况；②投料试车方案；③试生产(使用)过程中可能出现的安全问题、对策及应急预案；④建设项目周边环境与建设项目安全试生产(使用)相互影响的确认情况；⑤危险化学品重大危险源监控措施的落实情况；⑥人力资源配置情况；⑦试生产(使用)起止日期。

2.5.3 试生产(使用)方案审查

建设单位在采取有效安全生产措施后，方可将建设项目安全设施与生产、储存、使用的主体装置、设施同时进行试生产(使用)。试生产(使用)前，建设单位应当组织专家对试生产(使用)方案进行审查。试生产(使用)时，建设单位应当组织专家对试生产(使用)条件进行确认，对试生产(使用)过程进行技术指导。

在投料试车阶段，设计单位应参加试车前的安全审查，提供相关技术资料和数据，为安全试车提供技术支持。

2.5.4 试生产(使用)方案备案

化工建设项目，应当在建设项目试运行前将试运行方案报负责建设项目安全许可的安全生产监督管理部门备案，提交下列文件、资料：①试生产(使用)方案备案表；②试生产(使用)方案；③设计、施工、监理单位对试生产(使用)方案以及是否具备试生产(使用)条件的意见；④专家对试生产(使用)方案的审查意见；⑤安全设施设计重大变更情况的报告；⑥施工过程中安全设施设计落实情况的报告；⑦组织设计漏项、工程质量、工程隐患的检查情况，以及整改措施的落实情况报告；⑧建设项目施工、监理单位资质证书(复制件)；⑨建设项目质量监督手续(复制件)；⑩主要负责人、安全生产管理人员、注册安全工程师资格证书(复制件)，以及特种作业人员名单；⑪从业人员安全教育、培训合格的证明材料；⑫劳动防护用品配备情况说明；⑬安全生产责任制文件，安全生产规章制度清单、岗位操作安全规程清单；⑭设置安全生产管理机构和配备专职安全生产管理人员的文件(复制件)。

安全生产监督管理部门对建设单位报送备案的文件、资料进行审查；符合法定形式的，自收到备案文件、资料之日起5个工作日内出具试生产(使用)备案意见书。

2.5.5 建设项目试生产(使用)期限

试运行时间应当不少于30日，最长不得超过180日。需要延期的，可以向原备案部门提出申请。经2次延期后仍不能稳定生产的，建设单位应当立即停止试生产，组织设计、施工、监理等有关单位和专家分析原因，整改问题后，按照规定重新制定试生产(使用)方案并报安全生产监督管理部门备案。

2.6 建设项目安全设施竣工验收

2.6.1 建设项目安全设施施工情况报告

建设项目安全设施施工完成后，施工单位应当编制建设项目安全设施施工情况报告。建设项目安全设施施工情况报告应当包括：①施工单位的基本情况，包括施工单位以往所承担的建设项目施工情况；②施工单位的资质情况（提供相关资质证明材料复印件）；③施工依据和执行的有关法律、法规、规章和国家标准、行业标准；④施工质量控制情况；⑤施工变更情况，包括建设项目在施工和试生产期间有关安全生产的设施改动情况。

2.6.2 生产安全事故应急预案编写与备案

建设单位应当按照 GB/T 29639—2013《生产经营单位生产安全事故应急预案编制导则》的要求编制本单位的综合生产安全事故应急预案和专项应急预案及现场处置方案，危险化学品生产、经营单位还应组织专家对应急预案进行评审。

应急预案同时应按要求进行网上申报并在安全生产监督管理局进行备案取得备案证明。

2.6.3 重大危险源辨识与评估

建设单位应当按照《危险化学品重大危险源辨识》标准，对本单位的危险化学品生产、经营、储存和使用装置、设施或者场所进行重大危险源辨识，并记录辨识过程与结果。构成重大危险源的应按照《重大危险源安全监督管理暂行规定》对重大危险源进行安全评估并确定重大危险源等级。建设单位可以组织本单位的注册安全工程师、技术人员或者聘请有关专家进行安全评估，也可以委托具有相应资质的安全评价机构进行安全评估。重大危险源安全评估可以与本单位的安全评价一起进行，以安全评价报告代替安全评估报告，也可以单独进行重大危险源安全评估。

2.6.4 安全验收评价报告

建设项目试生产期间，建设单位应当按规定委托有相应资质的安全评价机构对建设项目及其安全设施试生产（使用）情况进行安全验收评价，且不得委托在可行性研究阶段进行安全评价的同一安全评价机构。

安全评价机构应当按照《危险化学品建设项目安全评价细则》的要求及有关安全生产的法律、法规、规章和国家标准、行业标准进行评价并出具评价报告。建设项目安全验收评价报告还应当符合有关危险化学品建设项目的规定。

2.6.5 安全设施的竣工验收

建设项目竣工投入生产或者使用前，储运单位应当组织对安全设施进行竣工验收，并形成书面报告备查。安全设施竣工验收合格后，方可投入生产和使用。

安全监管部门应当按照下列方式之一对建设项目的竣工验收活动和验收结果的监督核查：

① 对安全设施竣工验收报告按照不少于总数 10% 的比例进行随机抽查；

② 在实施有关安全许可时，对建设项目安全设施竣工验收报告进行审查。

抽查和审查以书面方式为主。对竣工验收报告的实质内容存在疑问，需要到现场核查的，安全监管部门应当指派两名以上工作人员对有关内容进行现场核查。工作人员应当提出现场核查意见，并如实记录在案。

建设项目的安全设施有下列情形之一的，建设单位不得通过竣工验收，并不得投入生产或者使用：

① 未选择具有相应资质的施工单位施工的；

② 建设项目安全设施的施工不符合国家有关施工技术标准的；

③ 未选择具有相应资质的安全评价机构进行安全验收评价或者安全验收评价不合格的；

④ 安全设施和安全生产条件不符合有关安全生产法律、法规、规章和国家标准或者行业标准、技术规范规定的；

⑤ 发现建设项目试运行期间存在事故隐患未整改的；

⑥ 未依法设置安全生产管理机构或者配备安全生产管理人员的；

⑦ 从业人员未经过安全生产教育和培训或者不具备相应资格的；

⑧ 不符合法律、行政法规规定的其他条件的。

建设项目安全设施竣工验收未通过的，生产经营单位经过整改后可以向原验收部门再次申请验收。

储运单位应当按照档案管理的规定，建立建设项目安全设施"三同时"文件资料档案，并妥善保存。

建设单位安全设施竣工验收合格后，按照有关法律法规及其配套规章的规定申请有关危险化学品的安全生产许可或经营许可。

第3章　危险化学品安全使用许可

　　近年来，化工企业在使用危险化学品从事生产的过程中造成的事故时有发生，给人民群众生命和财产造成巨大损失。如2011年1月6日，安徽省某药业有限公司实验车间发生三光气泄漏事故，造成75名职工住院接受治疗和观察，其中使用呼吸机进行治疗的重症病人17人(包括危重病人5人、特危重病人1人)，死亡1人。2013年6月3日6时10分许，位于吉林省长春市某禽业有限公司主厂房发生特别重大火灾爆炸事故，共造成121人死亡、76人受伤，17234m²主厂房及主厂房内生产设备被损毁，直接经济损失1.82亿元。这些事故的发生说明需要加强对使用危险化学品的安全监管，需要把涉及使用重点品种的化工企业纳入安全许可范围。

　　2011年3月2日，国务院颁布了新修订的《危险化学品安全管理条例》(国务院令第591号，以下简称《条例》)，明确规定使用危险化学品从事生产并且使用量达到规定数量的化工企业应当取得危险化学品安全使用许可证，并对使用危险化学品从事生产的安全条件提出了要求。国家安全生产监督管理总局令第57号发布了《危险化学品安全使用许可证实施办法》。危险化学品安全使用许可适用于列入危险化学品安全使用许可适用行业目录、使用危险化学品从事生产并且达到危险化学品使用量的数量标准的化工企业(危险化学品生产企业除外，以下简称企业)，不包括使用危险化学品作为燃料的企业。企业应当依照本办法的规定取得危险化学品安全使用许可证(以下简称安全使用许可证)。

3.1　危险化学品安全使用许可适用行业

　　危险化学品安全使用许可适用行业目录是指国家安全生产监督管理总局依据《条例》和有关国家标准、行业标准公布的需要取得危险化学品安全使用许可的化工企业类别。依据GB/T 4754—2017《国民经济行业分类》，参照我国传统化工行业的分类，从化学原料及化学制品制造业、医药制造业、化学纤维制造业三个典型的制造业(大类)化工行业剔除部分涉及化工工艺普遍简单，所用危险化学品量一般较少的小类行业后，作为使用许可范围，并予以公告。危险化学品安全使用许可适用行业目录见表3-1。

表3-1　危险化学品安全使用许可适用行业目录

大类	中类	小类	详细说明
化学原料和化学制品制造业	基础化学原料制造	无机酸制造	
		无机碱制造	主要指纯碱的生产活动
		无机盐制造	
		有机化学原料制造	
	肥料制造	氮肥制造	指矿物氮肥及用化学方法制成含有作物营养元素氮的化肥的生产活动

大类	中类	小类	详细说明
	肥料制造	磷肥制造	指以磷矿石为主要原料,用化学或物理方法制成含有作物营养元素磷的化肥的生产活动
	农药制造	化学农药制造	指化学农药原药,以及经过机械粉碎、混合或稀释制成粉状、乳状和水状的化学农药制剂的生产活动
	涂料、油墨、颜料及类似产品制造	涂料制造	指在天然树脂或合成树脂中加入颜料、溶剂和辅助材料,经加工后制成的覆盖材料的生产活动
		染料制造	指有机合成、植物性或动物性色料,以及有机颜料的生产活动
化学原料和化学制品制造业	合成材料制造	初级形态的塑料及合成树脂制造	也称初级塑料或原状塑料的生产活动,包括通用塑料、工程塑料、功能高分子塑料的制造
		合成橡胶制造	指人造橡胶或合成橡胶及高分子弹性体的生产活动
		合成纤维单(聚合)体的制造	指以石油、天然气、煤等为主要原料,用有机合成的方法制成合成纤维单体或聚合体的生产活动
	专用化学产品制造	化学试剂和助剂制造	指各种化学试剂、催化剂及专用助剂的生产活动
		专项化学用品制造	指水处理化学品、造纸化学品、皮革化学品、油脂化学品、油田化学品、生物工程化学品、日化产品专用化学品等产品的生产活动
		林产化学产品制造	指以林产品为原料,经过化学和物理加工方法生产产品的活动
		环境污染处理专用药剂材料制造	指对水污染、空气污染、固体废物等污染物处理所专用的化学药剂及材料的制造
	日用化学产品制造	香精、香料制造	指具有香气和香味,用于调配香精的物质——香料的生产,以及以多种天然香料和合成香料为主要原料,并与其他辅料一起按合理的配方和工艺调配制得的具有一定香型的复杂混合物,主要用于各类加香产品中的香精的生产活动
医药制造业	化学药品原料药制造	化学药品原料药制造	指供进一步加工药品制剂所需的原料药生产活动
化学纤维制造业	纤维素纤维原料及纤维制造	化纤浆粕制造	指纺织生产用黏胶纤维的基本原料生产活动
	合成纤维制造	锦纶纤维制造	也称聚酰胺纤维制造,指由尼龙66盐和聚己内酰胺为主要原料生产合成纤维的活动
		涤纶纤维制造	也称聚酯纤维制造,指以聚对苯二甲酸乙二醇酯(简称聚酯)为原料生产合成纤维的活动
		腈纶纤维制造	也称聚丙烯腈纤维制造,指以丙烯腈为主要原料(含丙烯腈85%以上)生产合成纤维的活动

17

大类	中类	小类	详细说明
化学纤维制造业	合成纤维制造	维纶纤维制造	也称聚乙烯醇纤维制造，指以聚乙烯醇为主要原料生产合成纤维的活动
		丙纶纤维制造	也称聚丙烯纤维制造，指以聚丙烯为主要原料生产合成纤维的活动
		氨纶纤维制造	也称聚氨酯纤维制造，指以聚氨基甲酸酯为主要原料生产合成纤维的活动

注：《危险化学品安全使用许可适用行业目录》"小类"栏列出的行业，是根据 GB/T 4754—2017《国民经济行业分类》规定的化学原料及化学制品制造业、医药制造业、化学纤维制造业等 3 个典型的制造业（大类），从中选取 25 个小类行业构成。

3.2 危险化学品使用量的数量标准

危险化学品使用量的数量标准由国家安全生产监督管理总局会同国务院公安部门、农业主管部门依据《条例》进行公布。拟将重点监管的危险化学品作为使用许可品种。使用量的数量标准，拟以企业危险化学品 10 天设计用量是否达到重大危险源临界量作为依据。危险化学品使用量的数量标准见表 3-2。

表 3-2 危险化学品使用量的数量标准

化学品名称	别名	最低年设计使用量/(t/a)	CAS 号
氯	液氯、氯气	180	7782-50-5
氨	液氨、氨气	360	7664-41-7
液化石油气		1800	68476-85-7
硫化氢		180	7783-06-4
甲烷	天然气	1800	74-82-8（甲烷）
原油		180000	
汽油（含甲醇汽油、乙醇汽油）	石脑油	7300	8006-61-9（汽油）
氢	氢气	180	1333-74-0
苯（含粗苯）		1800	71-43-2
碳酰氯	光气	11	75-44-5
二氧化硫		730	7446-09-5
一氧化碳		360	630-08-0
甲醇	木醇、木精	18000	67-56-1
丙烯腈	氰基乙烯、乙烯基氰	1800	107-13-1
环氧乙烷	氧化乙烯	360	75-21-8
乙炔	电石气	40	74-86-2
氟化氢	氢氟酸	40	7664-39-3
氯乙烯		1800	75-01-4
甲苯	甲基苯、苯基甲烷	18000	108-88-3

化学品名称	别名	最低年设计使用量/(t/a)	CAS 号
氰化氢	氢氰酸	40	74-90-8
乙烯		1800	74-85-1
三氯化磷		7300	7719-12-2
硝基苯		1800	98-95-3
苯乙烯		18000	100-42-5
环氧丙烷		360	75-56-9
一氯甲烷		1800	74-87-3
1,3-丁二烯		180	106-99-0
硫酸二甲酯		1800	77-78-1
氰化钠		1800	143-33-9
1-丙烯、丙烯		360	115-07-1
苯胺		1800	62-53-3
甲醚		1800	115-10-6
丙烯醛、2-丙烯醛		730	107-02-8
氯苯		180000	108-90-7
乙酸乙烯酯		36000	108-05-4
二甲胺		360	124-40-3
苯酚	石炭酸	2700	108-95-2
四氯化钛		2700	7550-45-0
甲苯二异氰酸酯	TDI	3600	584-84-9
过氧乙酸	过乙酸、过醋酸	360	79-21-0
六氯环戊二烯		1800	77-47-4
二硫化碳		1800	75-15-0
乙烷		360	74-84-0
环氧氯丙烷	3-氯-1,2-环氧丙烷	730	106-89-8
丙酮氰醇	2-甲基-2-羟基丙腈	730	75-86-5
磷化氢	膦	40	7803-51-2
氯甲基甲醚		1800	107-30-2
三氟化硼		180	7637-07-2
烯丙胺	3-氨基丙烯	730	107-11-9
异氰酸甲酯	甲基异氰酸酯	30	624-83-9
甲基叔丁基醚		36000	1634-04-4
乙酸乙酯		18000	141-78-6
丙烯酸		180000	79-10-7
硝酸铵		180	6484-52-2
三氧化硫	硫酸酐	2700	7446-11-9
三氯甲烷	氯仿	1800	67-66-3

化学品名称	别名	最低年设计使用量/(t/a)	CAS 号
甲基肼		1800	60-34-4
一甲胺		180	74-89-5
乙醛		360	75-07-0
氯甲酸三氯甲酯	双光气	22	503-38-8
二(三氯甲基)碳酸酯	三光气	33	32315-10-9
2,2'-偶氮-二-(2,4-二甲基戊腈)	偶氮二异庚腈	18000	4419-11-8
2,2'-偶氮二异丁腈		18000	78-67-1
氯酸钠		3600	7775-9-9
氯酸钾		3600	3811-04-9
过氧化甲乙酮		360	1338-23-4
过氧化(二)苯甲酰		1800	94-36-0
硝化纤维素		360	9004-70-0
硝酸胍		7200	506-93-4
高氯酸铵	过氯酸铵	7200	7790-98-9
过氧化苯甲酸叔丁酯	过氧化叔丁基苯甲酸酯	1800	614-45-9
N,N'-二亚硝基五亚甲基四胺	发泡剂 H	18000	101-25-7
硝基胍		1800	556-88-7
硝化甘油		36	55-63-0
乙醚	二乙(基)醚	360	60-29-7

注：1. 企业需要取得安全使用许可的危险化学品的使用量，由企业使用危险化学品的最低年设计使用量和实际使用量的较大值确定。

2. "CAS 号"是指美国化学文摘社对化学品的唯一登记号。

安全使用许可证的颁发管理工作实行企业申请、市级发证、属地监管的原则。国家安全生产监督管理总局负责指导、监督全国安全使用许可证的颁发管理工作。省、自治区、直辖市人民政府安全生产监督管理部门(以下简称省级安全生产监督管理部门)负责指导、监督本行政区域内安全使用许可证的颁发管理工作。设区的市级人民政府安全生产监督管理部门(以下简称发证机关)负责本行政区域内安全使用许可证的审批、颁发和管理，不得再委托其他单位、组织或者个人实施。

3.3 危险化学品企业相关要求

3.3.1 企业与重要场所、设施、区域的距离和总体布局应当符合的要求

企业与重要场所、设施、区域的距离和总体布局应当符合下列要求，并确保安全：

（1）储存危险化学品数量构成重大危险源的储存设施，与《危险化学品安全管理条例》第十九条第一款规定的八类场所、设施、区域的距离符合国家有关法律、法规、规章和国家标准或者行业标准的规定；

（2）总体布局符合 GB 50187《工业企业总平面设计规范》、GB 50489《化工企业总图运输

设计规范》、GB 50016《建筑设计防火规范》等相关标准的要求；石油化工企业还应当符合GB 50160《石油化工企业设计防火规范》的要求；

（3）新建企业符合国家产业政策、当地县级以上（含县级）人民政府的规划和布局。

3.3.2 企业的厂房、作业场所、储存设施和安全设施、设备、工艺应当符合的要求

（1）新建、改建、扩建使用危险化学品的化工建设项目（以下统称建设项目）由具备国家规定资质的设计单位设计和施工单位建设；其中，涉及国家安全生产监督管理总局公布的重点监管危险化工工艺、重点监管危险化学品的装置，由具备石油化工医药行业相应资质的设计单位设计；

（2）不得采用国家明令淘汰、禁止使用和危及安全生产的工艺、设备；新开发的使用危险化学品从事化工生产的工艺（以下简称化工工艺），在小试、中试、工业化试验的基础上逐步放大到工业化生产；国内首次使用的化工工艺，经过省级人民政府有关部门组织的安全可靠性论证；

（3）涉及国家安全生产监督管理总局公布的重点监管危险化工工艺、重点监管危险化学品的装置装设自动化控制系统；涉及国家安全生产监督管理总局公布的重点监管危险化工工艺的大型化工装置装设紧急停车系统；涉及易燃易爆、有毒有害气体化学品的作业场所装设易燃易爆、有毒有害介质泄漏报警等安全设施；

（4）新建企业的生产区与非生产区分开设置，并符合国家标准或者行业标准规定的距离；

（5）新建企业的生产装置和储存设施之间及其建（构）筑物之间的距离符合国家标准或者行业标准的规定。

3.3.3 危险化学品企业人员和制度要求

同一厂区内（生产或者储存区域）的设备、设施及建（构）筑物的布置应当适用同一标准的规定。

企业应当依法设置安全生产管理机构，按照国家规定配备专职安全生产管理人员。配备的专职安全生产管理人员必须能够满足安全生产的需要。企业主要负责人、分管安全负责人和安全生产管理人员必须具备与其从事生产经营活动相适应的安全知识和管理能力，参加安全资格培训，并经考核合格，取得安全合格证书。特种作业人员应当依照《特种作业人员安全技术培训考核管理规定》，经专门的安全技术培训并考核合格，取得特种作业操作证书。其他从业人员应当按照国家有关规定，经安全教育培训合格。

企业应当建立全员安全生产责任制，保证每位从业人员的安全生产责任与职务、岗位相匹配。根据化工工艺、装置、设施等实际情况，至少应当制定、完善下列主要安全生产规章制度：

- 安全生产例会等安全生产会议制度；
- 安全投入保障制度；
- 安全生产奖惩制度；
- 安全培训教育制度；
- 领导干部轮流现场带班制度；

- 特种作业人员管理制度；
- 安全检查和隐患排查治理制度；
- 重大危险源的评估和安全管理制度；
- 变更管理制度；
- 应急管理制度；
- 生产安全事故或者重大事件管理制度；
- 防火、防爆、防中毒、防泄漏管理制度；
- 工艺、设备、电气仪表、公用工程安全管理制度；
- 动火、进入受限空间、吊装、高处、盲板抽堵、临时用电、动土、断路、设备检维修等作业安全管理制度；
- 危险化学品安全管理制度；
- 职业健康相关管理制度；
- 劳动防护用品使用维护管理制度；
- 承包商管理制度；
- 安全管理制度及操作规程定期修订制度。

企业应当根据工艺、技术、设备特点和原辅料的危险性等情况编制岗位安全操作规程。

企业应当依法委托具备国家规定资质条件的安全评价机构进行安全评价，并按照安全评价报告的意见对存在的安全生产问题进行整改。

企业应当有相应的职业病危害防护设施，并为从业人员配备符合国家标准或者行业标准的劳动防护用品。

企业应当依据 GB 18218《危险化学品重大危险源辨识》，对本企业的生产、储存和使用装置、设施或者场所进行重大危险源辨识。对于已经确定为重大危险源的，应当按照《危险化学品重大危险源监督管理暂行规定》进行安全管理。

企业应当符合下列应急管理要求：

① 按照国家有关规定编制危险化学品事故应急预案，并报送有关部门备案；

② 建立应急救援组织，明确应急救援人员，配备必要的应急救援器材、设备设施，并按照规定定期进行应急预案演练。

储存和使用氯气、氨气等对皮肤有强烈刺激的吸入性有毒有害气体的企业，还应当配备至少 2 套以上全封闭防化服；构成重大危险源的，还应当设立气体防护站(组)。

企业除符合本章规定的安全使用条件外，还应当符合有关法律、行政法规和国家标准或者行业标准规定的其他安全使用条件。

3.4　安全使用许可证的申请

企业向发证机关申请安全使用许可证时，应当提交下列文件、资料，并对其内容的真实性负责：

- 申请安全使用许可证的文件及申请书；
- 新建企业的选址布局符合国家产业政策、当地县级以上人民政府的规划和布局的证明材料复制件；
- 安全生产责任制文件，安全生产规章制度、岗位安全操作规程清单；

- 设置安全生产管理机构，配备专职安全生产管理人员的文件复制件；
- 主要负责人、分管安全负责人、安全生产管理人员安全合格证和特种作业人员操作证复制件；
- 危险化学品事故应急救援预案的备案证明文件；
- 由供货单位提供的所使用危险化学品的安全技术说明书和安全标签；
- 工商营业执照副本或者工商核准文件复制件；
- 安全评价报告及其整改结果的报告；
- 新建企业的建设项目安全设施竣工验收报告；
- 应急救援组织、应急救援人员，以及应急救援器材、设备设施清单。

有危险化学品重大危险源的企业，还应当提交重大危险源的备案证明文件。新建企业安全使用许可证的申请，应当在建设项目安全设施竣工验收通过之日起 10 个工作日内提出。

3.5　安全使用许可证的变更

企业在安全使用许可证有效期内变更主要负责人、企业名称或者注册地址的，应当自工商营业执照变更之日起 10 个工作日内提出变更申请。增加使用的危险化学品品种，且达到危险化学品使用量的数量标准规定的；涉及危险化学品安全使用许可范围的新建、改建、扩建建设项目的；改变工艺技术对企业的安全生产条件产生重大影响的，在建设项目安全设施竣工验收合格之日起 10 个工作日内向原发证机关提出变更申请。并提交下列文件、资料：

① 变更申请书；
② 变更后的工商营业执照副本复制件；
③ 变更主要负责人的，还应当提供主要负责人经安全生产监督管理部门考核合格后颁发的安全合格证复制件；
④ 变更注册地址的，还应当提供相关证明材料。

新建、改建、扩建建设项目及改变工艺技术建设项目还应提供安全设施竣工验收报告等相关文件、资料。应当进行专项安全验收评价，并对安全评价报告中提出的问题进行整改；在整改完成后，向原发证机关提出变更申请并提交安全验收评价报告。

对已经受理的变更申请，发证机关对企业提交的文件、资料审查无误后，方可办理安全使用许可证变更手续。企业在安全使用许可证有效期内变更隶属关系的，应当在隶属关系变更之日起 10 日内向发证机关提交证明材料。

3.6　安全使用许可证的延期

安全使用许可证有效期为 3 年。企业安全使用许可证有效期届满后需要继续使用危险化学品从事生产、且达到危险化学品使用量的数量标准规定的，应当在安全使用许可证有效期届满前 3 个月提出延期申请，并提交相关的文件、资料。

发证机关进行审查，并作出是否准予延期的决定。

企业取得安全使用许可证后，符合下列条件的，其安全使用许可证届满办理延期手续时，经原发证机关同意，可以直接办理延期手续：

① 严格遵守有关法律、法规和本办法的；

② 取得安全使用许可证后，加强日常安全管理，未降低安全使用条件，并达到安全生产标准化等级二级以上的；

③ 未发生造成人员死亡的生产安全责任事故的；

④ 企业二级以上安全生产标准化证书复印件。

安全使用许可证分为正本、副本，正本为悬挂式，副本为折页式，正、副本具有同等法律效力。发证机关应当分别在安全使用许可证正、副本上注明编号、企业名称、主要负责人、注册地址、经济类型、许可范围、有效期、发证机关、发证日期等内容。其中，"许可范围"正本上注明"危险化学品使用"，副本上注明使用危险化学品从事生产的地址和对应的具体品种、年使用量。企业不得伪造、变造安全使用许可证，或者出租、出借、转让其取得的安全使用许可证，或者使用伪造、变造的安全使用许可证。

3.7　安全使用许可证的监督管理

发证机关应当坚持公开、公平、公正的原则，依照本办法和有关行政许可的法律法规规定，颁发安全使用许可证。应当加强对安全使用许可证的监督管理，建立、健全安全使用许可证档案管理制度。发证机关工作人员在安全使用许可证颁发及其监督管理工作中，不得索取或者接受企业的财物，不得牟取其他非法利益。

有下列情形之一的，发证机关应当撤销已经颁发的安全使用许可证：

① 滥用职权、玩忽职守颁发安全使用许可证的；

② 超越职权颁发安全使用许可证的；

③ 违反规定的程序颁发安全使用许可证的；

④ 对不具备申请资格或者不符合法定条件的企业颁发安全生产许可证的；

⑤ 以欺骗、贿赂等不正当手段取得安全使用许可证的。

企业取得安全使用许可证后有下列情形之一的，发证机关应当注销其安全使用许可证：

① 安全使用许可证有效期届满未被批准延期的；

② 终止使用危险化学品从事生产的；

③ 继续使用危险化学品从事生产，但使用量降低后未达到危险化学品使用量的数量标准规定的；

④ 安全使用许可证被依法撤销的；

⑤ 安全使用许可证被依法吊销的。

安全使用许可证注销后，发证机关应当在当地主要新闻媒体或者本机关网站上予以公告，并向省级和企业所在地县级安全生产监督管理部门通报。

发证机关应当将其颁发安全使用许可证的情况及时向同级环境保护主管部门和公安机关通报。发证机关应当于每年1月10日前，将本行政区域内上年度安全使用许可证的颁发和管理情况报省级安全生产监督管理部门，并定期向社会公布企业取得安全使用许可证的情况，接受社会监督。省级安全生产监督管理部门应当于每年1月15日前，将本行政区域内上年度安全使用许可证的颁发和管理情况报国家安全生产监督管理总局。

3.8 安全使用许可证的法律责任

发证机关工作人员在对危险化学品使用许可证的颁发管理工作中滥用职权、玩忽职守、徇私舞弊，构成犯罪的，依法追究刑事责任；尚不构成犯罪的，依法给予处分。

企业未取得安全使用许可证，擅自使用危险化学品从事生产，且达到危险化学品使用量的数量标准规定的，责令立即停止违法行为并限期改正，或企业在安全使用许可证有效期届满后未办理延期手续，仍然使用危险化学品从事生产，且达到危险化学品使用量的数量标准规定的处 10 万元以上 20 万元以下的罚款；逾期不改正的，责令停产整顿。

企业伪造、变造或者出租、出借、转让安全使用许可证，或者使用伪造、变造的安全使用许可证的，处 10 万元以上 20 万元以下的罚款，有违法所得的，没收违法所得；构成违反治安管理行为的，依法给予治安管理处罚；构成犯罪的，依法追究刑事责任。企业在安全使用许可证有效期内主要负责人、企业名称、注册地址、隶属关系发生变更，未按照《危险化学品安全使用许可证实施办法》（国家安全生产监督管理总局令第 57 号，以下简称"办法"）第二十四条规定的时限提出安全使用许可证变更申请或者将隶属关系变更证明材料报发证机关的，责令限期办理变更手续，处 1 万元以上 3 万元以下的罚款。企业在安全使用许可证有效期内有下列情形之一，未按照本办法第二十五条的规定提出变更申请，继续从事生产的，责令限期改正，处 1 万元以上 3 万元以下的罚款：

① 增加使用的危险化学品品种，且达到危险化学品使用量的数量标准规定的；

② 涉及危险化学品安全使用许可范围的新建、改建、扩建建设项目，其安全设施已经竣工验收合格的；

③ 改变工艺技术对企业的安全生产条件产生重大影响的。

发现企业隐瞒有关情况或者提供虚假文件、资料申请安全使用许可证的，发证机关不予受理或者不予颁发安全使用许可证，并给予警告，该企业在 1 年内不得再次申请安全使用许可证。企业以欺骗、贿赂等不正当手段取得安全使用许可证的，自发证机关撤销其安全使用许可证之日起 3 年内，该企业不得再次申请安全使用许可证。

安全评价机构有下列情形之一的，给予警告，并处 1 万元以下的罚款；情节严重的，暂停资质 6 个月，并处 1 万元以上 3 万元以下的罚款；对相关责任人依法给予处理：

① 从业人员不到现场开展安全评价活动的；

② 安全评价报告与实际情况不符，或者安全评价报告存在重大疏漏，但尚未造成重大损失的；

③ 未按照有关法律、法规、规章和国家标准或者行业标准的规定从事安全评价活动的。

承担安全评价的机构出具虚假证明的，没收违法所得；违法所得在 10 万元以上的，并处违法所得 2 倍以上 5 倍以下的罚款；没有违法所得或者违法所得不足 10 万元的，单处或者并处 10 万元以上 20 万元以下的罚款；对其直接负责的主管人员和其他直接责任人员处 2 万元以上 5 万元以下的罚款；给他人造成损害的，与企业承担连带赔偿责任；构成犯罪的，依照刑法有关规定追究刑事责任。对有违法行为的机构，依法吊销其相应资质。

第4章　危险化学品安全使用技术

使用危险化学品从事生产的企业，涉及各行各业，数量很大。使用危险化学品从事生产的情况又很复杂，使用的品种、数量差别很大，危险程度也各不相同。近年来的实践证明，使用危险化学品特别是使用危险化学品从事生产，在危险程度上并不亚于生产危险化学品，由此引发的事故约占全部危险化学品事故的四分之一左右。因此《危险化学品安全管理条例》修订后，对"使用安全"单设一章作了规定，目的就是突出和强调危险化学品使用的安全管理，其中最为重要的是确立了危险化学品安全使用许可制度。

4.1　危险化学品使用中的不安全因素

危险化学品使用中的不安全因素主要表现在如下几方面：

（1）安全知识缺乏，擅自使用危险化学品。

（2）工艺不合理，工艺条件不当。例如：工艺不成熟，盲目进行工业化生产；工艺设施不完善，盲目生产。

（3）设施存在缺陷，场所不符合安全要求。例如：违章安装电器设备；厂房疏散通道不畅通；设计安装无资质，留下重大隐患；腐蚀穿孔，造成大量泄漏；敞口留隐患；违章存放危险品，引起火灾爆炸事故；易燃场所，使用高热灯具引起爆燃等。

（4）操作错误，缺乏应急处置能力。例如：违章操作，引起的爆炸事故；违章运输，引起的特大中毒事故；易燃易爆场所身着化纤服装，产生静电引起火灾事故；缺乏防火防爆知识，引起爆炸；违反操作规程，引起爆燃等。

（5）管理不善，隐患变事故。例如：设备未定期检查，引起爆炸；气瓶混放，导致储气罐爆炸；动火责任不落实，导致动火作业中发生事故；配方不当，工艺不合理导致爆炸；没有应急处理训练，忽视应急救援等。

4.2　危险化学品使用的基本要求

4.2.1　危险化学品使用设施安全控制的基本原则

危险化学品使用设施安全控制的目的是通过采取适当的工程技术措施，消除或降低工作场所的危害，防止操作人员在作业时受到危险化学品的危害。

基本原则包括如下几方面：

- 通过改进工艺或合理的设计，从根本上消除危险化学品的危害；
- 通过变更工艺降低或减弱化学品的危害；
- 采取各种预防性的技术措施，防止危险变为事故和职业危害；
- 通过封闭、设置屏障等措施，使作业人员与危险源隔离开，避免作业人员直接暴露于危险或有害环境中；

- 借助于有效通风，使空气中的有害气体浓度降到安全浓度以下，防止火灾或职业危害；
- 当操作失误或设备运行达到危险状态时，采取能自动终止危险、避免危害发生的本质安全措施；
- 当操作过程发生异常或危险性较大的情况，场所能产生报警或提示的安全措施。

4.2.2　使用易燃、易爆危险品的安全控制措施

易燃、易爆化学品包括易燃气体、易燃液体、易燃固体、自燃物品和遇湿易放出易燃气体的固体。控制此类化学品的措施可分为以下几类：

① 消除着火源或引爆源：例如严格管理明火；避免摩擦撞击；隔离高温表面；防止电气火花；消除静电；安装避雷装置；预防发热自燃等。

② 防止危险化学品混合接触的危险性：禁止禁忌物品混放。

③ 泄漏控制和通风控制：采取设备密闭；防止泄露；加强通风等措施。

④ 惰化和稀释：使用惰性气体代替空气或添加稀释气体防止爆炸等措施。

⑤ 安全防护设施：阻火器；安全液封；过压保护；紧急切断；信号报警；可燃气体检测等。

⑥ 耐燃、抗爆建筑结构：合适的耐火等级；防火墙；防火门；不发火地面；防火堤；防火间距等。

⑦ 厂房防爆泄压措施。

4.2.3　使用有毒类危险化学品的安全控制措施

采取防毒技术措施就是要控制有毒物质，不让它从使用设施中散发出来危害操作人员。采取的措施如下：

- 以无毒或低毒物质代替有毒或高毒物质；
- 设备的密闭化、机械化，让有毒物质在设备中密闭运行，自动化操作，避免操作人员直接接触有毒物质；
- 隔离操作和自动控制，把操作地点与使用设备隔离开来，采用自动控制系统，起到隔离操作人员的目的；
- 通风排毒，采取强制通风，降低毒气浓度；
- 有毒气体检测，设置有毒气体报警器；
- 个体防护，包括佩带各种防护器具，属于防御性措施，是防止毒气进入人体的最后一道屏障。

4.3　危险化学品使用的安全管理

国际劳工组织公布的 170 号公约《作业场所安全使用化学品》，规定了在工作场所工作人员接触化学品的作业活动应遵守的国际公约，我国在 1994 年批准了 170 号公约，负有实施该国际公约的义务。在 1996 年，当时的劳动部、化学工业部颁发了《工作场所安全使用化学品规定》，对工人在工作场所化学品的安全使用作了明确的规定；2002 年 5 月 12 日公布实施了《使用有毒物品作业场所劳动保护条例》，其立法目的就是为了保证作业场所安全使

用有毒物品，预防、控制和消除职业中毒危害，保护劳动者的生命安全，身体健康及其相关权益。

为了加强危险化学品的使用管理，我国近几年相继颁布了多部关于危险化学品使用方面的法规，例如2009年9月8日国家安全生产监督管理总局制定公布的《作业场所职业危害申报管理办法》，目的是为了规范作业场所职业危害的申报工作，加强对生产经营单位职业健康工作的监督管理；2011年新修订的《危险化学品安全管理条例》专门有一章论述危险化学品使用的安全管理，要求对使用危险化学品达到一定量的化工企业要申办安全使用许可证；新修订的《职业病防治法》《工伤保险条例》等，都从不同方面对安全使用危险化学品做出了具体的要求。

《危险化学品安全管理条例》作为一部专门针对危险化学品管理行政规章，对使用危险化学品的单位，做出了明确的要求，弥补了在使用危险化学品方面的管理空白。《条例》规定，生产经营单位使用危险化学品，其使用条件（包括工艺）应当符合法律、行政法规的规定和国家标准、行业标准的要求，并根据所使用的危险化学品的种类、危险特性以及使用量和使用方式，建立、健全使用危险化学品的安全管理规章制度和安全操作规程，保证危险化学品的安全使用。

使用危险化学品从事生产并且使用量达到规定数量的化工企业（属于危险化学品生产企业的除外），应当依照本条例的规定取得危险化学品安全使用许可证。

使用实施重点环境管理的危险化学品从事生产的企业，其管理要求等同于生产、储存实施重点环境管理的化学品企业。

国家对危险化学品的使用有限制性规定的，任何单位和个人不得违反限制性规定使用危险化学品。任何单位或个人不得使用国家明令禁止的危险化学品。

使用剧毒化学品、易制爆危险化学品的单位不得出借、转让其购买的剧毒化学品、易制爆危险化学品；因转产、停产、搬迁、关闭等确需转让的，应当向具有相关许可证件或者证明文件的单位转让，并在转让后将有关情况及时向所在地县级人民政府公安机关报告。

危险品使用单位要建立、健全使用危险化学品的安全管理规章制度和安全操作规程；有与所使用的危险化学品相适应的专业技术人员；有安全管理机构和专职安全管理人员；有符合国家规定的危险化学品事故应急预案和必要的应急救援器材、设备；使用剧毒品的化学品单位应当对本单位的使用设施每年进行一次安全评价，使用其他危险品的企业每两年进行一次安全评价。安全评价报告应当报安全生产监督管理部门备案。

剧毒品的使用企业应当对剧毒品的流向、储存量和用途如实记录，设置治安保卫机构，防止剧毒品被盗、丢失或者误售、误用。发现剧毒化学品被盗、丢失或者误用、误售时，必须立即向当地公安部门报告。

对于工作场所使用危险化学品产生的危害应定期进行监测和评估，对检测和评估结果应建立档案。作业人员接触的危险化学品浓度不得高于国家规定的标准，暂时没有规定的，使用单位应在保证安全的情况下使用。

危险化学品使用单位，应当在使用场所设置通信、报警装置，并保证在任何情况下处于正常使用状态。在工作场所设有急救设施，并提供应急处理方法。

对盛装、输送、储存危险化学品的设备、容器，应采用符合国家标准要求的警示标志以表明其危险性，应按国家规定清除化学废料和清洗盛装化学品的废旧容器。

危险化学品使用单位应将危险化学品的有关安全卫生资料向职工公开，向操作人员提供安全技术说明书，应经常进行关于安全使用化学品的教育培训，令其掌握必要的应急处理方法和自救措施。

4.4 工作场所安全使用化学品

使用单位使用的化学品应有标识，危险化学品应有安全标签，并向操作人员提供安全技术说明书。使用单位购进危险化学品时，必须核对包装（或容器）上的安全标签。安全标签若脱落或损坏，经检查确认后应补贴。

使用单位购进的化学品需要转移或分装到其他容器时，应标明其内容。对于危险化学品，在转移或分装后的容器上应贴安全标签；盛装危险化学品的容器在未净化处理前，不得更换原安全标签。

使用单位对工作场所使用的危险化学品产生的危害应定期进行检测和评估，对检测和评估结果应建立档案。作业人员接触的危险化学品浓度不得高于国家规定的标准；暂没有规定的，使用单位应在保证安全作业的情况下使用。使用单位应通过下列方法，消除、减少和控制工作场所危险化学品产生的危害：①选用无毒或低毒的化学替代品；②选用可将危害消除或减少到最低程度的技术；③采用能消除或降低危害的工程控制措施（如隔离、密闭等）；④采用能减少或消除危害的作业制度和作业时间；⑤采取其他的劳动安全卫生措施。

使用单位在危险化学品工作场所应设有急救设施，并提供应急处理的方法。

使用单位应按国家有关规定清除化学废料和清洗盛装危险化学品的废旧容器。使用单位应对盛装、输送、储存危险化学品的设备，采用颜色、标牌、标签等形式，标明其危险性。使用单位应将危险化学品的有关安全卫生资料向职工公开，教育职工识别安全标签、了解安全技术说明书、掌握必要的应急处理方法和自救措施，并经常对职工进行工作场所安全使用化学品的教育和培训。

4.5 危险化学品使用安全技术措施

在化学品尤其是危险化学品使用中，如果不注意安全管理和职业卫生防护，很容易造成职业中毒伤害事故。大量的事故案例表明，事故的发生主要是两个方面的原因：一是一些企业只顾生产不顾安全，生产条件差，缺少预防职业中毒的措施；二是劳动者缺乏安全意识和职业卫生知识，不懂得安全防护。因此，在防范化学品伤害事故中，要有针对性地采取各项措施，降低事故发生率，保证劳动者的安全和健康。

由于化学品普遍具有易燃易爆、有毒有害的特性，因此在化学品的生产、经营、储存、运输、使用过程中，需要加强安全管理，并且采取积极的技术措施，防止化学品（尤其是危险化学品）对作业人员以及其他人员的伤害。

4.5.1 法律法规的有关规定

为了加强对化学品（尤其是危险化学品）使用的安全管理，预防事故的发生，国务院于2002年5月12日批准公布并施行《使用有毒物品作业场所劳动保护条例》（国务院令第352号）。除该条例之外，《安全生产法》《职业病防治法》《危险化学品全管理条例》《工作场所安全使用化学品规定》等法律法规，对使用化学品及危险化学品的安全管理作出了规定。

综合这些规定，主要内容有：

（1）从事使用有毒物品作业的用人单位应当使用符合国家标准的有毒物品，不得在作业场所使用国家明令禁止使用的有毒物品或者使用不符合国家标准的有毒物品。用人单位应当尽可能使用无毒物品；需要使用有毒物品的，应当优先选择使用低毒物品。

（2）用人单位应当依照《使用有毒物品作业场所劳动保护条例》和其他有关法律、行政法规的规定，采取有效的防护措施，预防职业中毒事故的发生，依法参加工伤保险，保障劳动者的生命安全和身体健康。

（3）禁止使用童工。用人单位不得安排未成年人和孕期、哺乳期的女职工从事使用有毒物品的作业。

（4）用人单位的使用有毒物品作业场所，除应当符合职业病防治法规定的职业卫生要求外，还必须符合下列要求：

① 作业场所与生活场所分开，作业场所不得住人；

② 有害作业与无害作业分开，高毒作业场所与其他作业场所隔离；

③ 设置有效的通风装置；可能突然泄漏大量有毒物品或者易造成急性中毒的作业场所，设置自动报警装置和事故通风设施；

④ 高毒作业场所设置应急撤离通道和必要的泄险区。

（5）从事使用高毒物品作业的用人单位，应当配备应急救援人员和必要的应急救援器材、设备，制定事故应急救援预案，并根据实际情况变化对应急救援预案适时进行修订，定期组织演练。

（6）用人单位应当依照职业病防治法的有关规定，采取有效的职业卫生防护管理措施，加强劳动过程中的防护与管理。

（7）用人单位应当与劳动者订立劳动合同，将工作过程中可能产生的职业中毒危害及其后果、职业中毒危害防护措施和待遇等如实告知劳动者，并在劳动合同中写明，不得隐瞒或者欺骗。

劳动者在已订立劳动合同期间因工作岗位或者工作内容变更，从事劳动合同中未告知的存在职业中毒危害的作业时，用人单位应当依照规定，如实告知劳动者，并协商变更原劳动合同有关条款。

（8）用人单位应当对劳动者进行上岗前的职业卫生培训和在岗期间的定期职业卫生培训，普及有关职业卫生知识，督促劳动者遵守有关法律、法规和操作规程，指导劳动者正确使用职业中毒危害防护设备和个人使用的职业中毒危害防护用品。劳动者经培训考核合格，方可上岗作业。

（9）用人单位应当为从事使用有毒物品作业的劳动者提供符合国家职业卫生标准的防护用品，并确保劳动者正确使用。

（10）用人单位维护、维修存在高毒物品的生产装置，必须事先制定维护、检修方案，明确职业中毒危害防护措施，确保维护、维修人员的生命安全和身体健康。

维护、维修存在高毒物品的生产装置，必须严格按照维护、维修方案和操作规程进行。维护、维修现场应当有专人监护，并设置警示标志。

（11）需要进入存在高毒物品的设备、容器或者狭窄封闭场所作业时，用人单位应当事先采取下列措施：

① 保持作业场所良好的通风状态，确保作业场所职业中毒危害因素浓度符合国家职业

卫生标准；

② 为劳动者配备符合国家职业卫生标准的防护用品；

③ 设置现场监护人员和现场救援设备。

未采取规定措施或者采取的措施不符合要求的，用人单位不得安排劳动者进入存在高毒物品的设备、容器或者狭窄封闭场所作业。

（12）用人单位应当按照国务院卫生行政部门的规定，定期对使用有毒物品作业场所职业中毒危害因素进行检测、评价。检测、评价结果存入用人单位职业卫生档案，定期向所在地卫生行政部门报告并向劳动者公布。

（13）从事使用有毒物品作业的劳动者在存在威胁生命安全或者身体健康危险的情况下，有权通知用人单位并从使用有毒物品造成的危险现场撤离。用人单位不得因劳动者依据规定行使权利，而取消或者减少劳动者在正常工作时享有的工资、福利待遇。

（14）劳动者享有下列职业卫生保护权利：

① 获得职业卫生教育、培训；

② 获得职业健康检查、职业病诊疗、康复等职业病防治服务；

③ 了解工作场所产生或者可能产生的职业中毒危害因素、危害后果和应当采取的职业中毒危害防护措施；

④ 要求用人单位提供符合防治职业病要求的职业中毒危害防护设施和个人使用的职业中毒危害防护用品，改善工作条件；

⑤ 对违反职业病防治法律、法规，危及生命、健康的行为提出批评、检举和控告；

⑥ 拒绝违章指挥和强令进行没有职业中毒危害防护措施的作业；

⑦ 参与用人单位职业卫生工作的民主管理，对职业病防治工作提出意见和建议。

（15）劳动者有权在正式上岗前从用人单位获得下列资料：

① 作业场所使用的有毒物品的特性、有害成分、预防措施、教育和培训资制；

② 有毒物品的标签、标识及有关资料；

③ 有毒物品安全使用说明书；

④ 可能影响安全使用有毒物品的其他有关资料。

（16）劳动者有权查阅、复印其本人职业健康监护档案。劳动者离开用人单位时，有权索取本人健康监护档案复印件；用人单位应当如实、无偿提供，并在所提供的复印件上签章。

4.5.2　预防职业中毒的综合性措施

工业毒物的种类繁多，影响面大，职业中毒约占职业病总数的1/2。多年来国家有关部门为预防职业中毒发布实施了一系列的法律法规、标准制度，对职业中毒的防治起到了重要的作用。预防职业中毒必须采用综合性的防治措施。

（1）组织管理措施

企业的各级领导必须十分重视预防职业中毒工作，在工作中认真贯彻执行国家有关预防职业中毒的法律法规和政策；结合企业内部接触毒物的性质，制定预防措施及安全操作规程，并建立相应的组织领导机构。

（2）消除毒物

在生产中，利用科学技术和工艺改革，使用无毒或低毒物质代替有毒或高毒的物质。

（3）降低毒物浓度

降低空气中毒物含量使之达到或者低于最高容许浓度，是预防职业中毒的中心环节。为此，首先要使毒物不能逸散到空气中，或消除工人接触毒物的机会；其次，对逸出的毒物要设法控制其飞扬、扩散，对散落到地面的毒物应及时消除；再次，缩小毒物接触的范围，以便于控制，并减少受毒物危害的人数。降低毒物浓度的方法包括：

① 改革工艺。尽量采用先进技术和工艺过程，避免开放式生产，消除毒物逸散的条件；采用远距离程序控制，最大程度地减少工人接触毒物的机会；用无毒或低毒物质代替有毒物质等。如用真空灌装代替热灌法生产水银温度计，用四氯乙烯代替四氯化碳干洗衣物，用静电喷漆代替人工喷漆等。

② 通风排毒。应用局部抽风式通风装置将产生的毒物尽快收集起来，防止毒物逸散。常用的装置有通风柜、排气罩、吸气罩等，排出的毒物要经过净化装置，或回收利用或净化处理后排空。

③ 合理布局。不同生产工序的布局，不仅要满足生产上的需要，而且要考虑卫生上的要求。有毒的作业应与无毒的作业分开，危害大的毒物要有隔离设施及防范手段。

④ 安全管理。对生产设备要加强维修和管理，防止"跑、冒、滴、漏"污染环境。

（4）个人防护

做好个人防护与个人卫生，对于预防职业中毒虽不是根本性的措施，但在许多情况下起着重要作用。

除普通工作服外，对某些作业工人还需供应特殊质地或式样的防护服。如接触强碱、强酸应有耐酸耐碱的工作服，对某些毒物作业要有防毒口罩与防毒面具等。为保持良好的个人卫生状况，减少毒物作用机会，应设置盥洗设备、淋浴室及存衣室，配合个人专用更衣箱等。

（5）增强体质

合理实施有毒作业保健待遇制度，因地制宜地开发体育锻炼形式，注意安排夜班工人的休息，组织青年员工进行有益身心的业余活动，以及做好季节性多发病的预防等，对提高机体抵抗力有重要的意义。

（6）严格进行环境监测、生物材制监测与健康检查

要定期监测作业场所空气中毒物浓度，将其控制在最高容许浓度以下。实施就业前健康检查，排除职业禁忌症者参加接触毒物的作业。坚持定期健康检查，早期发现工人健康问题并及时处理。

4.5.3 预防职业中毒的通风排毒措施

工业毒物进入人体的途径有 3 种，即呼吸道、皮肤和消化道，其中主要是呼吸道。从大量事故案例来看，加强作业场所的通风排毒，是防范事故的一个最要技术措施。

通风按其动力分为自然通风和机械通风，按其范围又可分为局部通风和全面通风。通风排毒措施是一种简便易行又十分有效的防毒措施。

（1）局部通风

局部通风是指有毒物质比较集中，或作业人员经常活动的局部地区的通风。局部通风有局部排风、局部送风和局部送、排风三种类型。

（2）全面通风

全面通风是用大量新鲜空气将作业场所的有毒气体冲淡至符合卫生要求的通风方式。全面通风多用于毒源不固定，毒物扩散面积较大，或虽实行局部通风，但仍有毒物散逸点的车间或场所。全面通风只适用于低毒有害气体、有害气体散发量不大或作业人员离毒源比较远的情形。全面通风不适用于产生粉尘、烟尘、烟雾的场所。

（3）混合通风

混合通风是既有局部通风又有全面通风的通风方式。如局部排风，室内空气是靠门窗大量补入的，在冬季大量补入冷空气，会使房间过冷，往往要采用一套空气预热的全面送风系统。

4.5.4 预防职业中毒的个体防护措施

根据有毒物质进入人体的途径，相应地采取各种有效措施，保护劳动者在使用化学品时的安全。

（1）呼吸防护措施

正确使用呼吸防护器是防止有毒物质从呼吸道进入人体引起职业中毒的主要措施之一。需要指出的是，这种防护只是一种辅助性的保护措施，根本的解决办法还在于改善劳动条件，降低作业场所有毒物质的浓度。用于防毒的呼吸器材，大致可分为过滤式防毒呼吸器和隔离式防毒呼吸器两类。

（2）皮肤防护

皮肤防护主要依靠个人防护用品，如工作服、工作帽、工作鞋、手套、口罩、眼镜等，这些防护用品可以避免有毒物质与人体皮肤的接触。对于外露的皮肤，则需涂上皮肤防护剂。由于工种不同，个人防护用品的配备也因工种的不同而有所区别。操作者应按工种要求穿用工作服等防护用品，对于裸露的皮肤，也应视其所接触的不同物质，采用相应的皮肤防护剂。

皮肤被有毒物质污染后，应立即清洗。许多污染物是不易被普通肥皂洗掉的，而应按不同的污染物分别采用不同的清洗剂。但最好不用汽油、煤油作清洗剂。

（3）消化道防护

防止有毒物质从消化道进入人体，一是要严格遵守有关规定，在有毒工作场所作业时，应按照规定不饮水不吃食物，防止有毒有害物质进入体内；二是提高安全防范意识，养成良好的卫生习惯，做到饭前洗手，注意搞好个人卫生。

第5章　工业企业涉危使用安全隐患治理

5.1　安全隐患治理对象

安全隐患治理的对象为生产、研发活动中使用危险化学品的工业企业(含冶金、有色、建材、机械、轻工、纺织、烟草等行业)，以下简称"涉危使用工业企业"。此次治理不包括按照现行《危险化学品安全使用许可证实施办法》取得危险化学品安全使用许可证的企业。

危险化学品，是指具有毒害、腐蚀、爆炸、燃烧、助燃等性质，对人体、设施、环境具有危害的剧毒化学品和其他化学品。

危险化学品以《危险化学品目录(2015版)》为准。主要成分均为列入《目录》的危险化学品，并且主要成分质量比或体积比之和不小于70%的混合物(经鉴定不属于危险化学品确定原则的除外)，可视其为危险化学品并按危险化学品进行管理。各单位所使用化学品的物理危险性不明确的，要按照《化学品物理危险性鉴定与分类管理办法》(国家安全监管总局令第60号)的有关规定进行鉴定分类。

5.2　危险化学品使用企业安全隐患治理内容

全面掌握使用危险化学品企业的基本情况和安全状况，认真宣贯落实新《安全生产法》，督促企业建立健全规章制度，完善安全防护措施，开展隐患排查和治理，消除事故隐患，提高使用场所的本质安全，切实维护人民生命财产安全，确保安全生产形势稳定好转。整治内容包括：

① 是否设置符合要求的专库储存危险化学品，是否按要求规范存放。

② 是否建立健全安全管理制度，包括全员安全生产责任制度、危险化学品安全管理制度(如储存、领取、使用的出入库核查制度，临时用电、防火、防爆、防中毒、防泄漏管理等的制度)、安全工作计划制度、安全风险管理制度、安全生产奖惩制度、安全生产会议制度、安全检查制度、隐患排查治理制度、安全生产教育培训制度、劳动防护用品发放使用制度、应急管理制度、安全生产报告制度、事故报告和处理制度、职业卫生管理制度等，是否健全岗位安全操作规程并张贴在重点岗位。

③ 是否落实安全生产组织领导机构，设置安全生产管理机构，并配备专职或者兼职的安全生产管理人员，是否全员安全责任落实到位。

④ 是否定期开展安全教育培训，培训是否到位，教育培训台账是否建立。

⑤ 是否建立隐患排查治理台账、现场纠违台账、劳动防护用品发放台账，台账是否及时更新。

⑥ 是否向有危险化学品经营许可或生产许可证的企业采购危险化学品，是否索取危险化学品安全标签和化学品安全技术说明书，是否建立危险化学品出入库核查登记台账。

⑦ 使用剧毒化学品、易制爆危险化学品的企业是否在购买后5日内，将所购买的剧毒

化学品、易制爆危险化学品的品种、数量以及流向信息报市公安局备案。

⑧ 是否制定危险化学品事故应急救援预案并组织应急演练，是否按要求配备应急救援器材、设备。

⑨ 在使用和储存危险化学品的场所是否张贴危险化学品安全标签和安全警示标识及危害告知。

⑩ 危险化学品包装物、容器或者特种设备是否定期检查检测，建立制度、台账。

⑪ 废弃的危险化学品及相关设施是否制定处置方案，妥善处理。

⑫ 使用剧毒化学品的企业是否按规定建立双人验收、双人保管、双人发货、双把锁、双本账等管理制度并严格执行。

⑬ 根据《危险化学品安全管理条例》（国务院 591 号令）的规定，"使用危险化学品从事生产的企业，是否委托具备国家规定的资质条件的机构，对本企业的安全生产条件每 3 年进行一次安全评价，提出安全评价报告"。

5.3　安全隐患治理技术要求

工业企业在涉危使用过程中，主要涉及到以下场所如企业内部加油站、危险化学品储存场所、涉危使用厂房、涉危使用实验室、危险化学品储罐（区）等。

根据涉危使用工业企业在安全生产工作中的主要问题和主要涉及到的涉危场所，以上述场所为重点内容，明确了相应技术依据、技术要求和整改措施。

安全隐患治理过程中如遇到未列的问题，应执行国家相应法律法规和标准规范的有关规定。

5.3.1　一般要求

5.3.1.1　基础管理要求

（1）未建立健全涉危使用过程的安全生产责任制、安全生产规章制度和安全操作规程

依据：《中华人民共和国安全生产法》《危险化学品安全管理条例》

技术要求：涉危使用工业企业应根据所使用的危险化学品的种类、危险特性以及使用量和使用方式，编制涉危岗位清单。根据涉危岗位清单建立、健全相应的安全生产责任制；建立、健全购买、运输、发放、使用、储存、废弃物处置等各个环节的危险化学品安全管理规章制度；根据涉危岗位清单建立、健全涉危岗位的安全操作规程。

整改措施：

① 编制涉危使用的岗位清单；

② 建立涉危使用的管理台账，包括涉危的品种、数量和使用场所等基本信息；

③ 建立、健全涉危使用的安全生产责任制、安全生产规章制度和安全操作规程，尤其是有关危险化学品储存场所的管理制度；

④ 建立涉危场所的隐患排查制度。

（2）未配备与涉危使用相适应的安全管理机构或兼职安全管理人员

依据：《中华人民共和国安全生产法》

技术要求：涉危使用工业企业从业人员超过 100 人的，应当设置安全生产管理机构或者配备专职安全生产管理人员；从业人员在 100 人以下的，应当配备专职或者兼职的安全生产

管理人员。

整改措施：配备与涉危相适应的专业技术人员，设专人负责涉危管理工作，根据企业实际情况配备安全生产管理机构和安全管理人员。

（3）涉危使用从业人员未经过安全教育与培训

依据：《中华人民共和国安全生产法》《危险化学品安全管理条例》《生产经营单位安全培训规定》

技术要求：涉危使用工业企业应根据所使用的危险化学品的种类、危险特性以及使用量和使用方式，对相关从业人员进行安全生产教育和培训，保证从业人员具备必要的安全生产知识，熟悉有关的安全生产规章制度和安全操作规程，掌握本岗位的安全操作技能，了解事故应急处理措施，知悉自身在安全生产方面的权利和义务。未经安全生产教育和培训合格的从业人员，不得上岗作业。

整改措施：

① 涉危使用工业企业涉危相关人员必须经培训考核合格方可上岗作业。

涉危使用主要负责人和涉危使用安全生产管理人员初次安全培训时间不应少于48学时，每年再培训时间不应少于16学时。涉危使用岗位新上岗的从业人员安全培训时间不应少于72学时，每年再培训时间不应少于20学时。

② 有涉危岗位的特种作业人员、特种设备操作人员应取得相应作业操作资格证书，并按期进行复训和复审。

（4）未制定危险化学品应急预案

依据：《中华人民共和国安全生产法》《危险化学品安全管理条例》《生产经营单位生产安全事故应急预案编制导则》

技术要求：涉危使用工业企业应根据所使用的危险化学品的种类、危险特性以及使用量和使用方式，制定危险化学品应急预案，并定期进行演练。

整改措施：

① 涉危使用工业企业编制危险化学品事故专项应急预案、现场处置方案，形式和内容必须满足GB/T 29639—2013的要求；

② 涉危使用工业企业每年至少组织一次危险化学品事故专项应急预案演练、每半年至少组织一次危险化学品事故现场处置方案，演练必须留有文字、影音资料备查。

（5）未从正规渠道采购危险化学品

依据：《危险化学品安全管理条例》

技术要求：涉危使用工业企业不应使用国家禁止使用的危险化学品，应从有危险化学品安全生产许可或经营许可资质的单位采购危险化学品。

整改措施：建立危险化学品供应商档案，档案中必须包含危险化学品生产经营企业的相关资质复印件。

（6）重大危险源未按要求管理

依据：《中华人民共和国安全生产法》《危险化学品安全管理条例》《危险化学品重大危险源监督管理暂行规定》《危险化学品重大危险源辨识》

技术要求：涉危使用工业企业应对危险化学品储存情况进行辨识，构成重大危险源的，应对重大危险源登记建档，定期检测、评估、监控，并制定应急预案，告知从业人员和相关人员在紧急情况下应当采取的应急措施。将本企业重大危险源及有关安全措施、应急措施报有关地方人民政府安全生产监督管理部门备案。

整改措施：

① 涉危使用工业企业对危险化学品储存情况进行辨识，形成辨识结果。

② 经辨识属于重大危险源的，应向属地安全生产监督管理部门进行备案。

③ 涉危使用工业企业应当对辨识确认的重大危险源及时、逐项进行登记建档。重大危险源档案应当包括下列文件、资料：

- 辨识、分级记录；
- 重大危险源基本特征表；
- 涉及的所有化学品安全技术说明书；
- 区域位置图、平面布置图、工艺流程图和主要设备一览表；
- 重大危险源安全管理规章制度及安全操作规程；
- 安全监测监控系统、措施说明、检测、检验结果；
- 重大危险源事故应急预案、评审意见、演练计划和评估报告；
- 安全评估报告或者安全评价报告；
- 重大危险源关键装置、重点部位的责任人、责任机构名称；
- 重大危险源场所安全警示标志的设置情况；
- 其他文件、资料。

④ 对重大危险源安全设施进行日常维护，并形成记录备查。

（7）安全技术说明书和安全标签配置不符合要求

依据：《关于印发〈危险化学品安全技术说明书和安全标签编制和管理指南〉的通知》（京安监办发〔2015〕64 号）、GB 15258—2009《化学品安全标签编写规定》、GB/T 17519—2013《化学品安全技术说明书编写指南》

技术要求：化学品的安全标签和安全技术说明书（SDS）应与所储存、使用的危险化学品种类相符，并置于明显位置。化学品的安全标签应符合：

- 危险化学品标识、象形图、信号词、危险性说明、应急咨询电话、供应商标识、资料参阅提示语等；
- 安全标签应粘贴、挂栓或喷印在包装或容器的明显位置；
- SDS 应包括 16 项信息：

化学品及企业标示；危险性描述；成分/组成信息；急救措施；消防措施；泄漏应急处理；操作处置与储存；接触控制和个体防护；理化特性；稳定性和反应性；毒理学信息；生态学信息；废弃处置；运输信息；法规信息；其他信息。

整改措施：在危险化学品包装上粘贴、拴挂或喷印与包装内危险化学品相符的中文化学品安全标签。不得采购和使用无安全技术说明书和安全标签的危险化学品，不得向无危险化学品生产经营资质的单位采购危险化学品。

5.3.1.2　通用技术要求

（1）建筑物的火灾危险性分类及耐火等级不符合规范要求

依据：GB 50016—2014《建筑设计防火规范》

技术要求：同一座涉危的厂房、仓库或涉危的厂房、仓库的任一防火分区内有不同火灾危险性生产、物品储存时，其生产、储存火灾危险性应按 GB 50016—2014《建筑设计防火规范》的有关规定执行。

① 同一座厂房或防火分区内有不同的火灾危险性生产时，厂房或防火分区内的的生产火灾危险性类别应按火灾危险性较大的部分确定；当生产过程中使用或产生易燃、可燃物的量较少，不足以构成爆炸或火灾危险时，可按实际情况确定；当符合下述条件之一时，可按火灾危险性较小的部分确定：

- 火灾危险性较大的生产部分占本层或本防火分区建筑面积的比例小于5%或丁类、戊类厂房内的油漆工段小于10%，且发生火灾事故时不足以蔓延至其他部位或火灾危险性较大的生产部分采取了有效的防火措施；
- 丁类、戊类厂房内的油漆工段，当采用封闭喷漆工艺，封闭喷漆空间内保持负压、油漆工段设置可燃气体探测报警系统或自动抑爆系统，且油漆工段占所在防火分区建筑面积的比例不大于20%。

② 同一座危险化学品仓库或仓库的任一防火分区内的储存不同火灾危险性物品时，仓库或防火分区的火灾危险性应按火灾危险性最大的物品确定。

③ 涉危厂房的耐火等级、允许层数和每个防火分区的最大允许建筑面积应符合 GB 50016—2014《建筑设计防火规范》的有关规定。

④ 危险化学品专用仓库的耐火等级不低于2级，应为单层且独立设置。

整改措施：

① 不符合上述要求的涉危使用工业企业，应在规定的时间内，由具有相关工程设计资质的单位根据企业现状进行设计复核或改造设计。

② 建筑物耐火等级不达标的，应按照 GB 50016—2014《建筑设计防火规范》的要求重建，或采用喷涂防火涂料等防火措施使建筑物的耐火等级达到规范要求。

③ 建筑物最大允许面积超标的，应按照 GB 50016—2014《建筑设计防火规范》的要求采用防火墙、防火卷帘、防火分隔水幕等措施进行有效防火分隔，到达规范要求。

（2）生产、储存设施布局不合理

依据： GB 50016—2014《建筑设计防火规范》

技术要求：

① 甲类、乙类涉危使用厂房不应设置在地下或半地下。危险化学品储存场所不应设置在地下或半地下建筑物内，且危险化学品储存场所内不应设有地下室、地下通道等建构筑物。

② 员工宿舍禁止设置在厂房内。办公室、休息室等不应设置在甲类、乙类厂房内，确需贴邻本厂房时，其耐火等级不应低于二级，并应采用耐火极限不低于 3.00h 的防爆墙与厂房分隔和设置独立的安全出口。

办公室、休息室设置在丙类厂房内时，应采用耐火极限不低于 2.50h 的防火隔墙和 1.00h 的楼板与其他部位分隔，并应至少设置 1 个独立的安全出口。如隔墙上需开设相互连通的门时，应采用乙级防火门。

③ 员工宿舍严禁设置在危险化学品仓库内。办公室、休息室等严禁设置在甲类、乙类危险化学品仓库内，也不应贴邻。办公室、休息室设置在丙类、丁类危险化学品仓库内时，应采用耐火极限不低于 2.50h 的防火隔墙和 1.00h 的楼板与其他部位分隔，并应设置独立的安全出口。隔墙上需开设相互连通的门时，应采用乙级防火门。

④ 变、配电站不应设置在甲乙类厂房内或贴邻，且不应设置在爆炸性气体、粉尘环境的危险区域内。供甲、乙类厂房专用的 10kV 及以下的变配电站，当采用无门、窗、洞口的防火墙分隔时，可一面贴邻，并应符合现行国家标准 GB 50058—2014《爆炸危险环境电力装置设计规范》等标准的规定。

乙类厂房的配电站确需在防火墙上开窗时，应采用甲级防火窗。

⑤ 建筑物的安全疏散应符合 GB 50016—2014《建筑设计防火规范》的有关规定，安全出口的门应向疏散方向开启。

整改措施： 不符合上述要求的涉危使用工业企业，应将涉危生产、储存场所重新进行布局，使之满足相关标准规范的要求。

（3）消防系统不完善

依据： GB 50016—2014《建筑设计防火规范》、GB 50140—2005《建筑灭火器配置设计规范》、GB 17914—2013《易燃易爆性商品储存养护技术条件》、GB 17915—2013《腐蚀性商品储存养护技术条件》、GB 17916—2013《毒害性商品储存养护技术条件》

技术要求：

① 工厂、仓库区内应设置消防车道。消防车道的设置应满足 GB 50016—2014《建筑设计防火规范》的规定。

② 厂房、仓库、储罐（区）周围应设置室外消火栓系统。建筑占地面积大于 $300m^2$ 的厂房和仓库应设置室内消火栓系统。

③ 涉危场所内的消防器材应按 GB 50140—2005《建筑灭火器配置设计规范》的有关规定配置灭火器。

④ 涉危场所内的灭火方法应根据涉及的危险化学品选择正确的灭火方法。部分危险化学品的灭火方法参照 GB 17914—2013《易燃易爆性商品储存养护技术条件》、GB 17915—2013《腐蚀性商品储存养护技术条件》、GB 17916—2013《毒害性商品储存养护技术条件》的附录 B。

⑤ 涉危场所可能散发可燃气体、可燃蒸气的场所应设置可燃气体报警装置。

整改措施：

① 厂房、仓库周边设置符合规范要求的消防车道。

② 根据涉危场所的实际情况设置消火栓系统。

③ 根据涉及的危险化学品的性质，在现场配置正确的灭火器材。

④ 可能散发可燃气体、可燃蒸气或有毒气体的场所应设置可燃气体或有毒气体报警装置。检测比重大于空气的可燃气体检（探）测器，其安装高度应距地坪 0.3～0.6m。检测比重大于空气的有毒气体的检（探）测器，应靠近泄漏点，其安装高度应距地坪 0.3～0.6m。检测比重小于空气的可燃气体或有毒气体的检（探）测器，其安装高度应高出释放源 0.5～2m。

⑤ 气体声光报警控制器应设置在存储室和气瓶间外并接至有人值守的值班室内。气体浓度检测报警装置应与防爆通风机联锁。

（4）采暖通风设施配置不合理

依据： GB 50016—2014《建筑设计防火规范》、GB 15603—1995《常用化学危险品贮存通则》、GB 50019—2015《工业建筑供暖通风与空气调节设计规范》

技术要求：

① 甲、乙类厂房（仓库）内严禁采用明火和电热散热器供暖，仓库内不得采用蒸汽采暖和机械采暖。

② 建筑内供暖管道和设备的绝热材料应采用不燃材料。

③ 空气中含有易燃、易爆危险物质的房间，应采用防爆型的通风设备。当送风机布置在单独分隔的通风机房内且送风干管上设置防止回流设施时，可采用普通型的通风设备。危险化学品仓库应设置防爆型通风机。机械通风的空气不应循环使用。

④ 厂房内有爆炸危险场所的排风管道，严禁穿过防火墙和有爆炸危险的房间隔墙。通风管应采用非燃烧材料制作。通风管道不宜穿过防火墙等防火分隔物，如必须穿过时应用非燃烧材料分隔。

⑤ 排除有燃烧或爆炸危险气体、蒸气的排风系统，应符合下列规定：

- 排风系统应设置导除静电的接地装置；
- 排风设备不应布置在地下或半地下建筑（室）内；
- 排风管应采用金属管道，并应直接通向室外安全地点，不应暗设。

⑥ 机械通风正常通风换气次数不少于 6 次/h，事故排风换气次数不应少于 12 次/h。

整改措施：

① 涉危场所内的采暖系统使用了禁止使用的采暖系统，应更换为符合规范要求的系统；

② 风机选型和风量设计应满足事故状态下的通风要求，不符合技术要求的，应选择合适的风机；

③ 通风系统的设置应符合标准规范的规定。

（5）电气设施配置不合理

依据：GB 50016—2014《建筑设计防火规范》、GB 50052—2009《供配电系统设计规范》、GB 50058—2014《爆炸危险环境电力装置设计规范》、AQ 3009—2007《危险场所电气防爆安全规范》

技术要求：

① 配电线路不得穿越通风管道内腔或直接敷设在通风管道外壁上，穿金属导管保护的配电线路可紧贴通风管道外壁敷设。配电线路敷设在有可燃物的闷顶、吊顶内时，应采取穿金属导管、采用封闭式金属槽盒等防火保护措施。

② 有爆炸危险性的生产、储存场所，依据相关规定进行防爆设计。

③ 爆炸性环境的电力装置设计应符合下列规定：

- 爆炸性环境的电力装置设计宜将设备和线路，特别是正常运行时能发生火花的设备布置在爆炸性环境以外，当需设在爆炸性环境内时，应布置在爆炸危险性较小的地点；
- 在满足工艺生产及安全的前提下，应减少防爆电气设备的数量；
- 爆炸性环境内的电气设备和线路应符合周围环境内化学、机械、热、霉菌以及风沙等不同环境条件对电气设备的要求；
- 爆炸性环境内设置的防爆电气设备应符合现行国家标准 GB 3836.1 的有关规定（GB 50058 第 5.1.1 条）。

④ 除本质安全电路外，爆炸性环境的电气线路和设备应装设过载、短路和接地保护，

不可能产生过载的电气设备可不装设过载保护。爆炸性环境的电动机除按国家现行有关标准的要求装设必要的保护之外，均应装设断相保护。如果电气设备的自动断电可能引起比引燃危险造成的危险更大时，应采用报警装置代替自动断电装置。

⑤ 消防用电设备应采用专用的供电回路，当车间内的生产用电被切断时，应仍能保证消防用电。

备用消防用电的供电时间和容量，应满足该车间内火灾延续时间内各消防用电设备的要求。

整改措施：

① 检查涉危场所内的配电线路，如不符合要求应进行整改；

② 涉危场所内防爆区域内各类用电设备均应使用防爆型；

③ 危险化学品仓库内照明、事故照明设施、电气设备和输配电线路应采用防爆型，危险化学品仓库内照明设施和电气设备的配电箱及电气开关应设置在仓库外，并应可靠接地，安装过压、过载、触电、漏电保护设施，采取防雨、防潮保护措施；

④ 爆炸性环境的电气线路和设备应按照实际情况装设过载、短路和接地保护；

⑤ 消防用电应采用双回路供电或配备柴油发电机的方式保证用电。

（6）安全设施设置不完善

依据：《危险化学品安全管理条例》（国务院令第 591 号）、GB 50057—2010《建筑物防雷设计规范》、GB 50016—2014《建筑设计防火规范》、GB 2894—2008《安全标志及其使用导则》

技术要求：危险化学品使用场所，应当根据其使用的危险化学品的种类和危险特性，设置相应的监测、监控、通风、防晒、调温、防火、灭火、防爆、泄压、防毒、中和、防潮、防雷、防静电、防腐、防泄漏以及防护围堤或者隔离操作等安全设施、设备，并按照国家标准、行业标准或者国家有关规定对安全设施、设备进行经常性维护、保养，保证安全设施、设备的正常使用。

整改措施：

① 涉危场所应设置防雷和防静电设施。防雷装置应当每年检测一次，对爆炸和火灾危险环境场所的防雷装置应当每半年检测一次。

② 涉危场所、岗位上应设置明显的安全警示标志，应明确紧急情况下的应急处置办法。

③ 装卸搬运有燃烧爆炸危险性危险化学品的机械和工具应选用防爆型。

④ 有爆炸危险的涉危场所应设置泄压设施。泄压设施宜采用轻质屋面板、轻质墙体和易于泄压的门、窗等，应采用安全玻璃等在爆炸时不产生尖锐碎片的材料。泄压设施的设置应避开人员密集场所和主要交通道路，并宜靠近有爆炸危险的部位。作为泄压设施的轻质屋面板和墙体的质量不宜大于 $60 kg/m^2$。屋顶上的泄压设施应采取防冰雪积聚措施。

⑤ 涉危场所不宜设置地沟，确需设置时，其盖板应严密，地沟应采取防止可燃气体在地沟积聚的有效措施，且应在与相邻场所连通处采用防火材料密封。

⑥ 采用管道输送危险化学品的单位，应对其铺设的危险化学品管道设置明显标志，并对危险化学品管道定期检查、检测。

（7）个体防护用品配备不齐全

依据：GB/T 11651—2008《个体防护装备选用规范》、GB/T 29510—2013《个体防护装备配备基本要求》

技术要求：正确识别涉危作业场所的危险、有害因素，根据作业类别正确佩戴合格的个体防护用品。

整改措施：

① 在有毒性、腐蚀性、刺激性危害的环境中，应设置淋洗器、洗眼器等卫生防护设施，其服务半径应不大于 15m。

② 根据涉危场所危险化学品的性质和作业岗位，为作业人员选择防静电、耐酸碱等正确的个体防护用品。

（8）应急救援物资配备不完善

依据：《危险化学品单位应急救援物资配备要求》

技术要求：按照标准要求、涉危场所危险化学品的性质配置应急救援物资。

整改措施：

① 涉危场所应配置事故柜、急救箱；

② 涉危场所应配有对泄漏危险化学品的收容材料；

③ 涉危场所应根据危险化学品的性质配置满足要求的应急救援物资。

（9）废弃危险化学品处理

依据：《危险化学品安全管理条例》（国务院令第 591 号）

技术要求：废弃危险化学品应存放在专门的储存场所，并指定专人负责管理；废弃物应交由有废弃物处置资质的单位处置。

整改措施：

① 废弃危险化学品应按要求妥善处置；

② 废弃危险化学品储存场所应按危险化学品专用仓库、专用储存室、气瓶间、专柜等储存场所的要求设置。

5.3.2　重点场所要求

5.3.2.1　内部加油站

（1）内部加油站未由具备专业设计资质的设计单位设计

依据：GB 50156—2012，2014 版《汽车加油加气站设计与施工规范》

技术要求：无正规设计的储罐区应由取得原建设部《工程设计资质标准》（建市〔2007〕86 号）规定的化工石化医药、石油天然气（海洋石油）等有关工程设计资质的单位进行设计复核。涉及重点监管危险化学品和危险化学品重大危险源的无正规设计储罐区，应由工程设计综合资质或相应工程设计化工石化医药、石油天然气（海洋石油）行业、专业资质甲级单位进行设计复核。

整改措施：无正规设计的储罐区委托相关资质单位进行设计复核，并出具设计复核报告。

（2）加油站外部防火间距不足

依据：GB 50156—2012，2014 版《汽车加油加气站设计与施工规范》、SH/T 3134—2002《采用撬装式加油装置的汽车加油站技术规范》

技术要求：

① 加油站汽油设备与站外建（构）筑物的安全间距应满足 GB 50156—2012，2014 版《汽车加油加气站设计与施工规范》的要求（表 5-1）。

表5-1 汽油设备与站外建(构)筑物的安全间距　　　　　　　　　　　　　　　　　　m

站外建(构)筑物	站内汽油设备											
	埋地油罐									加油机、通气管管口		
	一级站			二级站			三级站					
	无油气回收系统	有卸油油气回收系统	有卸油和加油油气回收系统	无油气回收系统	有卸油油气回收系统	有卸油和加油油气回收系统	无油气回收系统	有卸油油气回收系统	有卸油和加油油气回收系统	无油气回收系统	有卸油油气回收系统	有卸油和加油油气回收系统
重要公共建筑物	50	40	35	50	40	35	50	40	35	50	40	35
明火地点或散发火花地点	30	24	21	25	20	17.5	18	14.5	12.5	18	14.4	12.5
民用建筑物保护类别 一类保护物	25	20	17.5	20	16	14	16	13	11	16	13	11
民用建筑物保护类别 二类保护物	20	16	14	16	13	11	12	9.5	8.5	12	9.5	8.5
民用建筑物保护类别 三类保护物	16	13	11	12	9.5	8.5	10	8	7	10	8	7
甲、乙类物品生产厂房、库房和甲、乙类液体储罐	25	20	17.5	22	17.5	15.5	18	14.5	12.5	18	14.5	12.5
丙、丁、戊类物品生产厂房、库房和丙类液体储罐以及单罐容积不大于50m³的埋地甲、乙类液体储罐	18	14.5	12.5	16	13	11	15	12	10.5	15	12	10.5
室外变配电站	25	20	17.5	22	18	15.5	18	14.5	12.5	18	14.5	12.5
铁路	22	17.5	15.5	22	17.5	15.5	22	17.5	15.5	22	17.5	15.5
城市道路 快速路、主干路	10	8	7	8	6.5	5.5	8	6.5	5.5	6	5	5
城市道路 次干路、支路	8	6.5	5.5	6	5	5	6	5	5	6	5	5
架空通信线	1倍杆高，且不应小于5m			5			5			5		
架空电力线路 无绝缘层	1.5倍杆(塔)高，且不应小于6.5m			1倍杆(塔)高，且不应小于6.5m			6.5			6.5		
架空电力线路 有绝缘层	1倍杆(塔)高，且不应小于5m			0.75倍杆(塔)高，且不应小于5m			5			5		

注：1. 室外变、配电站指电力系统电压为35~500kV，且每台变压器容量在10MV·A以上的室外变、配电站。以及工业企业的变压器总油量大于5t的室外降压变电站。其他规格的室外变、配电站或变压器应按丙类物品生产厂房确定。

2. 表中道路系指机动车道路、油罐、加油机和油罐通气管管口与郊区公路的安全间距应按城市道路确定。高速公路、一级和二级公路应按城市快速路、主干路确定。三级和四级公路应按城市次干路、支路确定。

3. 与重要公共建筑物的主要出入口(包括铁路、地铁和二级及以上公路的隧道出入口)尚不应小于50m。

4. 一、二级耐火等级民用建筑物面向加油站一侧的墙为无门窗洞口的实体墙时，油罐、加油机和通气管管口与该民用建筑物的距离，不应低于本表规定的安全间距的70%，并不得小于6m。

② 加油站柴油设备与站外建(构)筑物的安全间距应满足 GB 50156—2012，2014 版《汽

车加油加气站设计与施工规范》的要求(表5-2)。

表5-2　柴油设备与站外建(构)筑物的安全间距　　　　　　　　　　　　　　m

站外建(构)筑物		站内柴油设备			
		埋地油罐			加油机、通气管管口
		一级站	二级站	三级站	
重要公共建筑物		25	25	25	25
明火地点或散发火花地点		12.5	12.5	10	10
民用建筑物保护类别	一类保护物	6	6	6	6
	二类保护物	6	6	6	6
	三类保护物	6	6	6	6
甲、乙类物品生产厂房、库房和甲、乙类液体储罐		12.5	11	9	9
丙、丁、戊类物品生产厂房、库房和丙类液体储罐,以及容积不大于50m³的埋地甲、乙类液体储罐		9	9	9	9
室外变配电站		15	15	15	15
铁路		15	15	15	15
城市道路	快速路、主干路	3	3	3	3
	次干路、支路	3	3	3	3
架空通信线和通信发射塔		0.75倍杆(塔)高,且不应小于5m	5	5	5
架空电力线路	无绝缘层	0.75倍杆(塔)高,且不应小于6.5m	0.75倍杆(塔)高,且不应小于6.5m	6.5	6.5
	有绝缘层	0.5倍杆(塔)高,且不应小于5m	0.5倍杆(塔)高,且不应小于5m	5	5

注:1. 室外变、配电站指电力系统电压为35~500kV,且每台变压器容量在10MV·A以上的室外变、配电站,以及工业企业的变压器总油量大于5t的室外降压变电站。其他规格的室外变、配电站或变压器按丙类物品生产厂房确定。

2. 表中道路系指机动车道路、油罐、加油机和油罐通气管管口与郊区公路的安全间距按城市道路确定。高速公路、一级和二级公路按城市快速路、主干路确定;三级和四级公路按城市次干路、支路确定。

③撬装式加油装置与站外建、构筑物的防火距离应符合 SH/T 3134—2002《采用撬装式加油装置的汽车加油站技术规范》的规定(表5-3)。

表5-3　撬装式加油装置与站外建(构)筑物的防火距离　　　　　　　　　　　　　　m

项目		撬装式加油装置	
		$V>20m^3$	$V \leqslant 20m^3$
重要公共建筑物		50	50
明火或散发火花地点		25	25
民用建筑物类别	一类保护物	20	16
	二类保护物	16	12
	三类保护物	12	10

44

项 目		撬装式加油装置	
		$V>20m^3$	$V≤20m^3$
甲、乙类物品生产厂房和甲、乙类液体储罐		22	18
其他类物品生产厂房、库房和丙类液体储罐以及容积不大于 50m³ 的埋地甲、乙类液体储罐		16	15
室外变电站		22	18
铁路		22	
城市道路	快速路、主干路	8	
	次干路、支路	8	
架空通信线	国家一、二级	1倍杆高	
	一般	不应跨越加油站	
架空电力线路		1倍杆高	

注：1. V 为撬装式加油装置油罐总容积。

2. 重要公共建筑物、民用建筑物保护类别划分见 GB 50156《汽车加油加气站设计与施工规范》附录 B。

整改措施：加油站内防火间距不足的，应按照技术要求进行整改以满足防火间距的要求。

（3）加油站内部防火间距不足

依据：GB 50156—2012，2014 版《汽车加油加气站设计与施工规范》

技术要求：

① 加油站内设施之间的防火距离应满足 GB 50156—2012，2014 版《汽车加油加气站设计与施工规范》的要求（表 5-4）。

表 5-4 站内设施的防火间距   m

设施名称	汽油罐	柴油罐	汽油通气管管口	柴油通气管管口	油品卸车点	加油机	站房	消防泵房和消防水池取水口	自用燃煤锅炉房和燃煤厨房	自用有燃气(油)设备的房间	站区围墙
汽油罐	0.5	0.5	—	—	—	—	4	10	18.5	8	3
柴油罐	0.5	0.5	—	—	—	—	3	7	13	6	2
汽油通气管管口	—	—	—	3	—	—	4	10	18.5	8	3
柴油通气管管口	—	—	—	2	—	—	3.5	7	13	6	2
油品卸车点	—	—	3	2	—	—	5	10	15	8	
加油机	—	—	—	—	—	—	5	6	15(10)	8(6)	
站房	4	3	4	3.5	5	5	—	—	—	—	—
消防泵房和消防水池取水口	10	7	10	7	10	6	—	—	12	—	—
自用燃煤锅炉房和燃煤厨房	18.5	13	18.5	13	15	15(10)	—	12	—	—	—

续表

设施名称	汽油罐	柴油罐	汽油通气管管口	柴油通气管管口	油品卸车点	加油机	站房	消防泵房和消防水池取水口	自用燃煤锅炉房和燃煤厨房	自用有燃气(油)设备的房间	站区围墙
自用有燃气(油)设备的房间	8	6	8	6	8	8(6)	—	—	—	—	—
站区围墙	3	2	3	2	—	—	—	—	—	—	—

注：1. 括号内数值为柴油加油机与自用有燃煤或燃气(油)设备的房间的距离。

2. 撬装式加油装置的油罐与站内设施之间的防火间距应按本表汽油罐、柴油罐增加30%。

3. 当卸油采用油气回收系统时，汽油通气管管口与站区围墙的距离不应小于2.0m。

4. 站房、有燃煤或燃气(油)等明火设备的房间的起算点应为门窗等洞口。

5. 表中"—"表示无防火间距要求。

整改措施：加油站内防火间距不足的，应按照技术要求进行整改以满足防火间距的要求。

（4）站内变配电间设置不合理

依据：GB 50156—2012，2014 版《汽车加油加气站设计与施工规范》

技术要求：加油站的变配电间或室外变压器应布置在爆炸危险区域之外，且与爆炸危险区域边界线的距离不应小于3m。变配电间的起算点应为门窗等洞口。

整改措施：调整站内变配电间的位置，满足其距加油机6m，距油品卸车点4.5m，距油罐人孔井4.5m 的要求。

（5）加油站埋地油罐配置不满足要求

依据：GB 50156—2012，2014 版《汽车加油加气站设计与施工规范》

技术要求：

① 埋地油罐应采用单层罐设置防渗罐池或采用双层油罐；

② 采取卸油时的防满溢措施；

③ 设置带有高液位报警功能的液位监测系统。

整改措施：

① 埋地油罐采用单层罐设置防渗罐池或采用双层油罐；

② 采取卸油时的防满溢措施如安装防满溢阀。油料达到油罐容量90%时，应能触动高液位报警装置；油料达到油罐容量95%时，应能自动停止油料继续进罐。油罐高液位声光报警装置应设置在卸油现场操作人员能够听到或看到的地方和有人值守的房间内。

（6）加油站工艺管道配置不满足要求

依据：GB 50156—2012，2014 版《汽车加油加气站设计与施工规范》

技术要求：

① 汽油罐与柴油罐的通气管应分开设置。通气管管口高出地面的高度不应小于4m。沿建(构)筑物的墙(柱)向上敷设的通气管，其管口应高出建筑物的顶面1.5m 及以上。通气管管口应设置阻火器。

② 加油站内的工艺管道除必须露出地面的以外，均应埋地敷设。当采用管沟敷设时，

管沟必须用中性沙子或细土填满、填实。

③ 加油站埋地加油管道应采取双层管道，管道系统的渗漏检测宜采用在线检测系统。

整改措施：对照技术要求，改造加油站的工艺管道。

（7）加油站加油机配置不满足要求

依据：GB 50156—2012，2014 版《汽车加油加气站设计与施工规范》

技术要求：

① 加油机不得设在室内；

② 加油枪应采用自封式加油枪，汽油加油枪的流量不应大于 50L/min；

③ 以正压（潜油泵）供油的加油机，其底部的供油管道上应设剪切阀，当加油机被撞或起火时，剪切阀应能自动关闭；

④ 位于加油岛端部的加油机附近应设防撞柱（栏），其高度不应小于 0.5m。

整改措施：

① 加油机设在室外罩棚下；

② 配置符合要求的加油机；

③ 位于加油岛端部的加油机附近设满足要求的防撞柱（栏）。

（8）撬装式加油装置配置不满足要求

依据：GB 50156—2012，2014 版《汽车加油加气站设计与施工规范》、SH/T 3134—2002《采用撬装式加油装置的汽车加油站技术规范》、AQ 3002—2005《阻隔防爆撬装式汽车加油（气）装置技术要求》

技术要求：

① 撬装式加油装置的油罐内应安装防爆装置；

② 撬装式加油装置应采用双层钢制油罐；

③ 撬装式加油装置应采用卸油和加油油气回收系统；

④ 撬装式加油装置双壁油罐应采用检测仪器或其他设施进行渗漏监测；

⑤ 撬装式加油装置应设置防晒棚或采取隔热措施；

⑥ 撬装式加油装置四周应设防护围堰或采取漏油收集设施。

整改措施：

① 配置符合技术要求的撬装式加油装置；

② 撬装式加油装置四周应设防护围堰，防护围堰内的有效容量不应小于储罐总容量的 50%。防护围堰应采用不燃烧实体材料建造，且不应渗漏。

（9）加油站消防设施配置不满足要求

依据：GB 50156—2012，2014 版《汽车加油加气站设计与施工规范》、SH/T 3134—2002《采用撬装式加油装置的汽车加油站技术规范》、GB 50140—2005《建筑灭火器配置设计规范》

技术要求：

① 加油站每 2 台加油机应配置不少于 2 具 4kg 手提式干粉灭火器，或 1 具 4kg 手提式干粉灭火器和 1 具 6L 泡沫灭火器，加油机不足 2 台应按 2 台配置；地下储罐应配置 1 台不小于 35kg 推车式干粉灭火器，当两种介质储罐之间的距离超过 15m 时，应分别配置；一级、二级加油站应配置灭火毯 5 块、沙子 2m³；三级加油站应配置灭火毯不少于 2 块、沙子 2m³。

② 撬装式加油装置的汽车加油站每 2 台加油机应设置不少于 1 只 8kg 手提式干粉灭火器或 2 只 4kg 手提式干粉灭火器，加油机不足 2 台按 2 台计算；应设 35kg 推车式干粉灭火器 1 个；应配置灭火毯 2 块，沙子 2m³。

③ 其余建筑的灭火器配置，应符合国家标准 GB 50140《建筑灭火器配置设计规范》的有关规定。

整改措施：

① 按技术要求和加油站的实际情况配置灭火器材；

② 变配电间应配置符合要求的 CO_2 灭火器。

（10）加油站无紧急切断系统

依据： GB 50156—2012，2014 版《汽车加油加气站设计与施工规范》

技术要求： 加油站应设置紧急切断系统，确保在事故状态下迅速切断加油泵的电源和关闭重要的管道阀门。

整改措施：

① 加油站应设置满足要求的紧急切断系统，紧急切断系统应具有失效保护功能；

② 加油泵的电源，应能由手动启动的远程控制切断系统操纵关闭；

③ 紧急切断系统应至少在下列位置设置启动开关：在加油现场工作人员容易接近的位置，在控制室或值班室内；

④ 紧急切断系统应只能手动复位。

5.3.2.2 危险化学品储存场所

（1）危险化学品专用仓库未由具备专业设计资质的设计单位设计

依据：《中华人民共和国安全生产法》

技术要求： 无正规设计的危险化学品专用仓库应由有关工程设计资质的单位进行设计复核。

整改措施： 无正规设计的危险化学品专用仓库应委托相关资质单位进行设计复核，并出具设计复核报告。

（2）危险化学品专用仓库外部防火间距不足

依据： GB 50016—2014《建筑设计防火规范》

技术要求： 危险化学品专用仓库与其他建筑的防火间距，不应小于 GB 50016—2014《建筑设计防火规范》的要求。

① 甲类仓库之间及与其他建筑、明火或散发火花地点、铁路、道路等的防火间距不应小于表 5-5 的规定。

表 5-5　甲类仓库之间及与其他建筑、明火或散发火花地点、铁路、道路等的防火间距　m

名　　称	甲类仓库（储量/t）			
	甲类储存物品第 3、4 项		甲类储存物品第 1、2、5、6 项	
	≤5	>5	≤10	>10
高层民用建筑、重要公共建筑	50			
裙房、其他民用建筑、明火或散发火花地点	30	40	25	30
甲类仓库	20	20	20	20

名　称		甲类仓库(储量/t)			
		甲类储存物品第3、4项		甲类储存物品第1、2、5、6项	
		≤5	>5	≤10	>10
厂房和乙、丙、丁、戊类仓库	一、二级	15	20	12	15
	三级	20	25	15	20
	四级	25	30	20	25
电力系统电压为35~500kV，且每台变压器容量不小于10MV·A的室外变、配电站。工业企业的变压器总油量大于5t的室外降压变电站		30	40	25	30
厂外铁路线中心线		40			
厂内铁路线中心线		30			
厂外道路路边		20			
厂内道路路边	主要	10			
	次要	5			

注：甲类仓库之间的防火间距，当第3、4项物品储量不大于2t，第1、2、5、6项物品储量不大于5t时，不应小于12m，甲类仓库与高层仓库的防火间距不应小于13m。

② 乙、丙、丁、戊类仓库之间及与民用建筑的防火间距，不应小于表5-6的规定。

表5-6　乙、丙、丁、戊类仓库之间及与民用建筑的防火间　　　　　m

名　称			乙类仓库			丙类仓库			丁、戊类仓库				
			单、多层		高层	单、多层		高层	单、多层			高层	
			一、二级	三级	一、二级	一、二级	三级	四级	一、二级	一、二级	三级	四级	一、二级
乙、丙、丁、戊类仓库	单、多层	一、二级	10	12	13	10	12	14	13	10	12	14	13
		三级	12	14	15	12	14	16	15	12	14	16	15
		四级	14	16	17	14	16	18	17	14	16	18	17
	高层	一、二级	13	15	13	13	15	17	13	13	15	17	13
民用建筑	裙房，单、多层	一、二级	25			10	12	14	13	10	12	14	13
		三级	25			12	14	16	15	12	14	16	15
		四级	25			14	16	18	17	14	16	18	17
	高层	一类	50			20	25	25	15	15	18	18	15
		二类	50			15	20	20	15	13	15	15	13

注：1. 单、多层戊类仓库之间的防火间距，可按本表的规定减少2m。

2. 两座仓库的相邻外墙均为防火墙时，防火间距可以减小。但丙类仓库不应小于6m；丁戊类仓库不应小于4m。两座仓库相邻较高一面外墙为防火墙，且总占地面积不大于GB 50016—2014第3.3.2条一座仓库的最大允许占地面积规定时，其防火间距不限。

3. 除乙类第6项物品外的乙类仓库，与民用建筑的防火间距不宜小于25m，与重要公共建筑的防火间距不应小于50m。与铁路、道路等的防火间距不宜小于GB 50016—2014 表3.5.1中甲类仓库与铁路、道路等的防火间距。

③ 丁类、戊类危险化学品仓库与民用建筑的耐火等级均为一级、二级时，仓库与民用建筑的防火间距可适当减小，但应符合下列规定：

• 当较高一面外墙为无门、窗、洞口的防火墙，或比相邻较低一座建筑屋面高 15m 及以下范围内的外墙为无门、窗、洞口的防火墙时，其防火间距不限；

• 相邻较低一面外墙为防火墙，且屋顶无天窗或洞口、屋顶耐火极限不低于 1.00h，或相邻较高一面外墙为防火墙，且墙上开口部位采取了防火措施，其防火间距可适当减小，但不应小于 4m。

④ 甲、乙类危险化学品仓库与架空电力线路的最近水平距离应不小于电杆(塔)高度的 1.5 倍。

整改措施：危险化学品专用仓库与其他建筑防火间距不足的，应按照技术要求进行整改以满足防火间距的要求。

（3）危险化学品专用储存室、气瓶间、专柜选址不当

依据：GB 27550—2011《气体充装站安全技术条件》

技术要求：专用储存室和气瓶间应与办公休息区分开设置，不应相邻建造，并应远离食堂、活动室等人员较为密集的建筑。专用储存室和气瓶间如设在建筑物内，应选择靠外墙、人员较少的位置，并设置防火墙、泄压设施；如与其他建筑物贴邻设置时，不应有门、窗与相邻建筑物相通。专柜应放置于阴凉干燥通风处。

整改措施：涉危使用工业企业应根据企业的实际情况，按照技术要求选择危险化学品专用储存室、气瓶间、专柜的设置地点。

（4）气瓶间布局不满足要求

依据：GB 27550—2011《气体充装站安全技术条件》、GB 50030—2013《氧气站设计规范》、GB 16912—2008《深度冷冻法生产氧气及相关气体安全技术规程》

技术要求：

① 气瓶库内的钢瓶应分实瓶区、空瓶区布置；

② 每个实瓶间、空瓶间均应设有直接通向室外的安全出口；

③ 稀有气体的存放、使用过程中，应与氧气瓶严格区分，它们之间应分库保管、分开使用，严格防止相关气体的气瓶充当氧气瓶使用。

整改措施：

分别设置空瓶间和实瓶间，实瓶间、空瓶间均应设直接通向室外的安全出口；稀有气体的存放、使用与氧气瓶分库保管、分开使用。

（5）危险化学品储存场所的构筑物不满足要求

依据：GB 50016—2014《建筑设计防火规范》

技术要求：

① 危险化学品储存场所的门应向疏散方向开启，门窗、地面应采用撞击时不产生火花的材料制作；地面平整、耐磨、防滑，不应设地沟、暗道；采用绝缘材料作整体面层时，应采取防静电措施；

② 危险化学品储存场所应设置高窗，窗上应安装防护铁栏，窗户应采取避光和防雨措施；

50

③ 储存腐蚀性危险化学品的场所地面、踢脚应防腐；

④ 存在爆炸危险的危险化学品储存场所应设置泄压设施，泄压方向宜向上，侧面泄压应避开人员集中场所、主要通道及能引起二次爆炸的车间、仓库，泄压设施应采用轻质屋面板、轻质墙体和易于泄压的门、窗等。

整改措施： 涉危使用工业企业应根据存储的危险化学品的性质，按照技术要求对危险化学品储存场所进行整改。

（6）危险化学品储存场所危险化学品码放不满足要求

依据： GB 17914—2013《易燃易爆性商品储存养护技术条件》、GB 17915—2013《腐蚀性商品储存养护技术条件》、GB 17916—2013《毒害性商品储存养护技术条件》、GA 1131—2014《仓储场所消防安全管理通则》

技术要求：

① 易燃易爆性、毒害性危险化学品(气瓶装除外)不应直接落地存放，一般应垫 15cm以上。遇湿易燃物品、易吸潮溶化和吸潮分解的商品应适当下垫高度。各种商品应码行列式压缝货垛，做到牢固、整齐、出入库方便，无货架的垛高不应超过 3m。

② 腐蚀性危险化学品货垛下应有隔潮设施，货架与与库房地面距离一般不低于 15cm。堆垛高度应控制在：

- 大铁桶液体应立码；固体应平放，不应超过 3m；
- 大箱(内装坛、桶)不应超过 1.5m；
- 化学试剂木箱不应超过 3m；
- 纸箱不应超过 2.5m；
- 袋装 3~3.5m。

③ 危险化学品仓库内堆垛间距应保持在：

- 主通道≥180cm；
- 支通道≥80cm；
- 墙距≥50cm；
- 柱距≥30cm；
- 垛距≥100cm；
- 顶距≥50cm。

整改措施： 涉危使用工业企业应根据存储的危险化学品的性质，按照技术要求对危险化学品储存场所进行整改。

（7）危险化学品储存场所混合存储不合理

依据： GB 17914—2013《易燃易爆性商品储存养护技术条件》、GB 17915—2013《腐蚀性商品储存养护技术条件》、GB 17916—2013《毒害性商品储存养护技术条件》、GB 15603—1995《常用化学危险品贮存通则》

技术要求：

① 根据危险化学品特性应分区、分类、分库储存。

② 各类危险品应包装容器完整，两种物品不应发生接触，不得与禁忌物料混合储存，危险化学品混存性能互抵见表 5-7。

表5-7 危险化学品混存性能互抵表

列分组（表头）：爆炸性物品｛点火器材、起爆器材、爆炸及爆炸性药品、其他爆炸品｝；氧化剂｛一级无机、一级有机、二级无机、二级有机｝；剧毒；压缩气体和液化气体｛易燃、助燃、不燃｝；自燃物品｛一级、二级｝；遇水燃烧物品｛一级、二级｝；易燃液体｛一级、二级｝；易燃固体｛一级、二级｝；毒性物品｛剧毒无机、剧毒有机、有毒无机、有毒有机｝；腐蚀性物品｛酸性无机、酸性有机、碱性无机、碱性有机｝；放射性物品

类别	点火器材	起爆器材	爆炸及爆炸性药品	其他爆炸品	一级无机	一级有机	二级无机	二级有机	剧毒	易燃	助燃	不燃	自燃一级	自燃二级	遇水一级	遇水二级	易燃液体一级	易燃液体二级	易燃固体一级	易燃固体二级	剧毒无机	剧毒有机	有毒无机	有毒有机	酸性无机	酸性有机	碱性无机	碱性有机	放射性物品
爆炸性物品-点火器材	○																												
爆炸性物品-起爆器材	○	○																											
爆炸性物品-爆炸及爆炸性药品	○	×	○																										
爆炸性物品-其他爆炸品	○	×	×	○																									
氧化剂-一级无机	×	×	×	×	①																								
氧化剂-一级有机	×	×	×	×	×	○																							
氧化剂-二级无机	×	×	×	×	○	×	②																						
氧化剂-二级有机	×	×	×	×	×	○	×	○																					
剧毒（液氨和液氯有抵触）	×	×	×	×	×	×	×	×	○																				
压缩气体和液化气体-易燃	×	×	×	×	×	×	×	×	×	○																			
压缩气体和液化气体-助燃	×	×	×	×	分	分	分	分	×	×	○																		
压缩气体和液化气体-不燃	×	×	×	×	分	分	分	分	消	×	○	○																	
自燃物品-一级	×	×	×	×	×	×	×	×	消	×	×	×	○																
自燃物品-二级	×	×	×	×	×	×	×	×	×	×	×	×	○	○															
遇水燃烧物品-一级	×	×	×	×	×	×	×	×	消	×	×	×	×	×	○														
遇水燃烧物品-二级	×	×	×	×	×	×	×	×	消	×	×	×	×	×	○	○													

类 别		爆炸性物品				氧化剂				压缩气体和液化气体				自燃物品		遇水燃烧物品		易燃液体		易燃固体		毒性物品				腐蚀性物品				放射性物品
		点火器材	起爆器材	爆炸及爆破药品	其他爆炸品	一级无机	一级有机	二级无机	二级有机	剧毒	易燃	助燃	不燃	一级	二级	一级	二级	一级	二级	一级	二级	剧毒无机	剧毒有机	有毒无机	有毒有机	酸性无机	酸性有机	碱性无机	碱性有机	
易燃液体	一级	×	×	×	×	分	×	分	×	×	分	分	×	分	×	×	×	○	○			×	×	消	消	消	消	消	消	×
	二级	×	×	×	×	分	×	分	×	×	分	分	×	分	×	×	×	○	○			×	×	消	消	消	消	消	消	×
易燃固体	一级	×	×	×	×	分	×	分	×	×	分	分	×	分	×	消	消	○	○	分	分	×	×	消	消	消	消	消	消	×
	二级	×	×	×	×	分	×	分	×	×	分	分	×	分	×	消	消	消	消	分	分	×	×	消	消	消	消	消	消	×
毒害性物品	剧毒无机	×	×	×	×	×	×	×	×	×	×	×	×	×	×	×	×	×	×	×	×	○								×
	剧毒有机	×	×	×	×	×	×	×	×	×	×	×	×	分	分	分	分	分	分	分	分		○							×
	有毒无机	×	×	×	×	×	×	×	×	×	分	分	×	分	分	分	分	消	消	消	消			○						×
	有毒有机	×	×	×	×	×	×	×	×	×	分	分	×	分	分	分	分	分	分	分	分				○					×
腐蚀性物品	酸性无机	×	×	×	×	×	×	×	×	×	分	分	×	分	分	消	消	消	消	消	消	×	×	×	×	○				×
	酸性有机	×	×	×	×	×	×	×	×	×	分	分	×	分	分	消	消	消	消	消	消	×	×	×	×		○			×
	碱性无机	×	×	×	×	×	×	×	×	×	分	分	×	分	分	消	消	消	消	消	消	×	×	×	×	×	×	○		×
	碱性有机	×	×	×	×	×	×	×	×	×	分	分	×	分	分	消	消	消	消	消	消	×	×	×	×	×	×		○	×
放射性物品		×	×	×	×	×	×	×	×	×	×	×	×	×	×	×	×	×	×	×	×	×	×	×	×	×	×	×	×	○

注："○"符号表示可以混存，"×"符号表示不能并不互相抵触，"分"指应按化学危险品的分类进行分区分类储存，如果物品不多或仓位不够时，若其性能并不互相抵触，也可以混存。"消"指消防施救方法不同，条件许可时最好分存。

①说明过氧化钠等遇不宜和无机氧化剂混存。

②说明具有还原性的亚硝酸钠等硝酸盐类，不宜和其他无机氧化物混合，货垛与货垛之间应留有1m以上的距离，并要求包装容器完整，不使两种物品发生接触。

③ 易燃液体、遇湿易燃物品、易燃固体不得与氧化剂混合储存，具有还原性的氧化剂应单独存放。

易燃气体不应与助燃气体同库储存。

压缩气体和液化气体必须与爆炸品、氧化剂、易燃物品、自燃物品、腐蚀性物品隔离储存。易燃气体不得与助燃气体、剧毒气体同储；氧气不得与油脂混合储存。

④ 以下品种应专库储存：爆炸品、黑色火药类、爆炸性化合物应专库储存；易燃气体、助燃气体和有毒气体应专库储存；易燃液体可同库储存，但灭火方法不同的商品应分库储存；易燃固体可同库储存，但发乳剂 H 与酸或酸性化学品应分库储存；硝酸纤维素酯、安全火柴、红磷及硫化磷、铝粉等金属粉类应分库储存；自燃物品：黄磷、羟基金属化合物、浸动、植物油的制品应分库储存；遇湿易燃物品应专库储存；氧化剂和有机过氧化物，一级、二级无机氧化剂与一级、二级有机氧化剂应分库储存；氯酸盐类、高锰酸盐、亚硝酸盐、过氧化物、过氧化氢等应分别专库储存。

剧毒性商品应专库储存或存放在彼此间隔的单间内，并安装防盗报警器和监控系统，库门装双锁，实行双人收发、双人保管制度。

整改措施： 根据存储的危险化学品性质存储危险化学品，按照技术要求调整储存场所内的危险化学品的种类。

（8）危险化学品储存场所安全设施配置不满足要求

依据： 《危险化学品安全管理条例》（国务院令第 591 号）、GB 50016—2014《建筑设计防火规范》、GB 17914—2013《易燃易爆性商品储存养护技术条件》、GB 17915—2013《腐蚀性商品储存养护技术条件》、GB 17916—2013《毒害性商品储存养护技术条件》

技术要求：

① 甲、乙、丙类液体储存场所应设置防止液体流散的设施。遇湿会发生燃烧爆炸的物品储存场所应设置防止水浸渍的措施。

② 存有易燃易爆危险化学品的储存场所外应设置静电消除器。

③ 危险化学品储存场所及其出入口应设置视频监控设备。

④ 危险化学品储存场所内设置温湿度表，按规定时间进行观测和记录，根据危险化学品的不同性质，采取密封、通风和库内吸潮相结合的温湿度管理办法，严格控制并保持场所内的温湿度，使危险化学品储存场所内的温湿度满足 GB 17914、GB 17915、GB 17916 的要求。

⑤ 气瓶间应有防止气瓶倾倒的措施。

整改措施： 危险化学品储存场所应根据储存的危险化学品的性质，采取可靠的安全措施，设置符合要求的安全设施。

（9）专柜设置不满足要求

依据： GB 27550—2011《气体充装站安全技术条件》

技术要求：

① 采用防爆柜、防腐柜等专柜储存易燃易爆、腐蚀性危险化学品的，专柜应放置于阴凉干燥通风处，专柜应有进风口和排风口，且直通到室外，柜体应进行可靠接地。禁忌类危险化学品不应在同一专柜存储，应分柜存储。

② 易燃气体、有毒气体气瓶柜应在排风出口设置气体浓度检测报警装置；安装高度应根据气体的密度而定。气体声光报警信号控制器应设置在气瓶柜外并接至有人值守的值班室内。

③ 专柜应有明显标识，标明危险化学品类别、责任人、安全员、保管员等信息。柜内存放的危险化学品按照品名分类摆放，并有化学品安全技术说明书(SDS)。

整改措施：严格技术要求设置专柜。

（10）重点监管的危险化学品的储存不满足要求

依据：《国家安全监管总局关于公布首批重点监管的危险化学品名录的通知》(安监总管三〔2011〕95号)、《国家安全监管总局办公厅关于印发首批重点监管的危险化学品安全措施和应急处置原则的通知》(安监总管三〔2011〕142号)、《国家安全监管总局关于公布第二批重点监管危险化学品名录的通知》(安监总管三〔2013〕12号)

技术要求：国家安监总局提出首批、第二批共74种重点监管的危险化学品，对每种重点监管的危险化学品均提出了安全储存的要求。

整改措施：涉危使用工业企业应根据国家公布的重点监管的危险化学品名录，按照重点监管的危险化学品的储存要求进行整改。

5.3.2.3　涉危使用厂房

（1）涉危使用厂房外部防火间距不足

依据：GB 50016—2014《建筑设计防火规范》

技术要求：

① 厂房之间及与乙、丙、丁、戊类仓库、民用建筑等的防火间距不应小于表5-8的规定。

② 甲类厂房与重要公共建筑的防火间距不应小于50m，与明火或散发火花地点的防火间距不应小于30m。

③ 甲、乙类厂房与架空电力线路的最近水平距离应不小于电杆(塔)高度的1.5倍。

整改措施：涉危使用厂房与其他建筑防火间距不足的，应按照技术要求进行整改以满足防火间距的要求。

（2）重点监管的危险化学品的使用不满足要求

依据：《国家安全监管总局关于公布首批重点监管的危险化学品名录的通知》(安监总管三〔2011〕95号)、《国家安全监管总局办公厅关于印发首批重点监管的危险化学品安全措施和应急处置原则的通知》(安监总管三〔2011〕142号)、《国家安全监管总局关于公布第二批重点监管危险化学品名录的通知》(安监总管三〔2013〕12号)

技术要求：国家安监总局提出首批、第二批共74种重点监管的危险化学品，对每种重点监管的危险化学品均规定了操作安全要求。

整改措施：涉危使用工业企业应根据国家公布的重点监管的危险化学品名录，按照重点监管的危险化学品操作安全要求进行整改。

（3）易燃可燃液体使用场所不满足要求

依据：《危险化学品安全管理条例》(国务院令第591号)

技术要求：

① 易燃可燃液体使用应密闭操作，防止泄漏，远离火种、热源，工作场所严禁吸烟。禁止与其他易燃物放在一起。

② 使用时应控制流速，且有接地装置，防止静电积聚。

③ 作业场所应有可靠的防火、防爆措施。

表5-8 厂房之间及与乙、丙、丁、戊类仓库、民用建筑等的防火间距

单位：m

名称		甲类厂房	乙类厂房(仓库)			丙、丁、戊类厂房(仓库)				民用建筑				
		单、多层 一、二级	单、多层 一、二级	单、多层 三级	高层 一、二级	单、多层 一、二级	单、多层 三级	单、多层 四级	高层 一、二级	裙房，单、多层 一、二级	裙房，单、多层 三级	多层 四级	高层 一类	高层 二类
甲类厂房	单、多层 一、二级	12	12	12	13	12	12	14	13	25	25	25	50	50
乙类厂房	单、多层 一、二级	12	10	12	13	10	12	14	13	10	12	14	20	15
乙类厂房	单、多层 三级	14	12	14	15	12	14	16	15	12	14	16	25	20
乙类厂房	高层 一、二级	13	13	15	13	13	15	17	13	13	15	17	20	15
丙类厂房	单、多层 一、二级	12	10	12	13	10	12	14	13	10	12	14	15	13
丙类厂房	单、多层 三级	14	12	14	15	12	14	16	15	12	14	16	18	15
丙类厂房	单、多层 四级	16	14	16	17	14	16	18	17	14	16	18	20	18
丙类厂房	高层 一、二级	13	13	15	13	13	15	17	13	13	15	17	15	13
丁、戊类厂房	单、多层 一、二级	12	10	12	13	10	12	14	13	10	12	14	13	13
丁、戊类厂房	单、多层 三级	14	12	14	15	12	14	16	15	12	14	16	15	15
丁、戊类厂房	单、多层 四级	16	14	16	17	14	16	18	17	14	16	18	18	18
丁、戊类厂房	高层 一、二级	13	13	15	13	13	15	17	13	13	15	17	13	13
室外变、配电站	变压器总油量/t ≥5，≤10	25	25	25	25	15	20	25	20	15	20	25	20	20
室外变、配电站	>10，≤50	25	25	25	25	20	25	30	25	20	25	30	25	25
室外变、配电站	>50	25	25	25	25	25	30	35	30	25	30	35	30	30

注：1. 乙类厂房与重要公共建筑的防火间距不宜小于50m，与明火或散发火花地点，不宜小于30m。单、多层戊类厂房之间及与戊类仓库的防火间距，可按本表的规定减少2m，与民用建筑等防火间距应按民用房所属厂房与民用建筑的防火间距执行。为丙、丁、戊类厂房服务而单独设置的生活用房应按民用建筑确定，与所属厂房之间的防火间距不应小于6m。确需相邻布置时，应符合本表注2、3的规定。

2. 两座厂房相邻较高一面外墙为防火墙时，其防火间距不限，但甲类厂房之间不应小于4m。两座丙、丁、戊类厂房相邻两面外墙均为不燃性墙体，当无外露的可燃性屋檐，每面外墙上的门、窗、洞口面积之和各不大于外墙面积的5%，且门、窗、洞口不正对开设时，其防火间距可按本表的规定减少25%。甲、乙类厂房（仓库）不应与本规范第3.3.5条规定外的其他建筑贴邻。

3. 两座一、二级耐火等级的厂房，当相邻较低一面外墙为防火墙且较低一座厂房的屋顶无天窗，屋顶的耐火极限不低于1.00h，或相邻较高一面外墙的门、窗等开口部位设置甲级防火门、窗或防火分隔水幕或按GB 50016—2014第6.5.3条规定设置防火卷帘时，甲、乙类厂房之间的防火间距不应小于6m；丙、丁、戊类厂房之间的防火间距不应小于4m。

4. 发电厂内的主变压器，其油量可按单台确定。

5. 耐火等级低于四级的既有厂房，其耐火等级可按四级确定。

6. 当丙、丁、戊类厂房与丙、丁、戊类仓库相邻时，应符合本表注2、3的规定。

④ 易燃可燃液体发生泄漏，作业场所应设有防止流散的措施。

整改措施：根据使用易燃可燃液体的性质，对易燃可燃液体使用场所采取针对性强的、切实可行的防火、防爆措施。

（4）腐蚀品使用场所不满足要求

依据：《危险化学品安全管理条例》（国务院令第 591 号）

技术要求：

① 腐蚀品使用应密闭操作，防止泄漏，避免与禁忌物相接触。

② 现场作业人员应穿戴耐酸碱等防腐蚀个人防护用品。

③ 腐蚀品的使用场所地面等应防腐。

④ 腐蚀性液体发生泄漏，作业场所应设有防止流散的措施。

⑤ 作业场所应配备能与腐蚀品中和的、无害的应急物资。

整改措施：根据使用腐蚀品的性质，对腐蚀品使用场所采取针对性强的、切实可行的安全措施。

（5）有毒有害品使用场所不满足要求

依据：《危险化学品安全管理条例》（国务院令第 591 号）

技术要求：

① 毒害品使用应密闭操作，防止泄漏，避免与禁忌物相接触。

② 毒害品使用场所应保持干燥，现场具有良好的通风措施。

③ 作业人员应穿戴相应的个体防护用品。

④ 现场应配备有与毒害品相应的解毒急救药品。

整改措施：根据使用毒害品的性质，对腐蚀品使用场所采取针对性强的、切实可行的安全措施。

（6）气瓶使用场所不满足要求

依据：《危险化学品安全管理条例》（国务院令第 591 号）

技术要求：

① 气瓶使用场所应保持干燥、通风，有良好的通风措施。

② 气瓶直立放置时，应有防倾倒措施；卧式放置时，有牢靠定位措施。

③ 气瓶在使用过程中，应建立使用记录，规定使用期限。长期不使用的气瓶，应由供应商取回，进行安全处置。

④ 瓶阀、瓶帽、防震胶圈等气瓶安全附件应保持完好，严禁拆卸。

⑤ 现场张贴应张贴气瓶的安全操作规程，严格按照要求进行操作。

整改措施：根据使用的气体的性质，对气瓶使用场所采取针对性强的、切实可行的安全措施。

5.3.2.4 涉危使用实验室

（1）实验室布局不满足要求

依据：JGJ 91—1993《科学实验室建筑设计规范》

技术要求：

① 实验工作区和办公休息区应隔开设置。

② 实验室的门应向疏散方向开启且采用平开门，不应采用推拉门、卷帘门。

③ 使用强酸、强碱的实验室地面应具有耐酸、碱腐蚀的性能。

④ 有可燃气体产生的实验室不应设吊顶。

整改措施：实验室布置、门、地面、吊顶等应按要求进行设置。

（2）实验室安全设备设施配置不满足要求

依据：JGJ 91—1993《科学实验室建筑设计规范》

技术要求：

① 凡进行对人体有害气体、蒸气、气味、烟雾、挥发物质等实验工作的实验室，应设置通风柜。

在使用气体的实验室，应设通风机，宜配备氧气含量测报仪。

② 在可能散发可燃气体、可燃蒸气的实验室，应配备防爆型电气设备，并应设可燃气体报警仪，且与风机联锁。

③ 使用气体应配置气瓶柜或气瓶防倒链、防倒栏栅等设备。

④ 在实验室适当处应设置应急喷淋器，在实验台附近应设置紧急洗眼器。

整改措施：根据实验室使用的危险化学品的性质，设置相应的安全设施。

5.3.2.5　危险化学品储罐（区）

（1）危险化学品储罐（区）未由具备专业设计资质的设计单位设计

依据：AQ 3013—2008《危险化学品从业单位安全标准化通用规范》

技术要求：无正规设计的储罐区应由取得原建设部《工程设计资质标准》（建市〔2007〕86号）规定的化工石化医药、石油天然气（海洋石油）等有关工程设计资质的单位进行设计复核。涉及重点监管危险化学品和危险化学品重大危险源的无正规设计储罐区，应由工程设计综合资质或相应工程设计化工石化医药、石油天然气（海洋石油）行业、专业资质甲级单位进行设计复核。

整改措施：无正规设计的储罐区委托相关资质单位进行设计复核，并出具设计复核报告。

（2）危险化学品储罐（区）外部防火间距不足

依据：GB 50016—2014《建筑设计防火规范》

技术要求：危险化学品储罐（区）与其他建筑的防火间距，不应小于 GB 50016—2014《建筑设计防火规范》的要求。

① 甲、乙、丙液体储罐（区）与其他建筑的防火间距，不应小于表 5-9 的要求。

表 5-9　甲、乙、丙液体储罐（区）与其他建筑的防火间距 　　　　　　　　m

类　　别	一个罐区或堆场的总容量 V/m^3	建筑物				室外变、配电站
		一、二级		三级	四级	
		高层民用建筑	裙房，其他建筑			
甲、乙类液体储罐（区）	$1 \leqslant V < 50$	40	12	15	20	30
	$50 \leqslant V < 200$	50	15	20	25	35
	$200 \leqslant V < 1000$	60	20	25	30	40
	$1000 \leqslant V < 5000$	70	25	30	40	50

58

类　别	一个罐区或堆场的总容量 V/m^3	建筑物				室外变、配电站
		一、二级		三级	四级	
		高层民用建筑	裙房，其他建筑			
丙类液体储罐（区）	$5 \leqslant V < 250$	40	12	15	20	24
	$250 \leqslant V < 1000$	50	15	20	25	28
	$1000 \leqslant V < 5000$	60	20	25	30	32
	$5000 \leqslant V < 25000$	70	25	30	40	40

注：1. 当甲、乙类液体储罐和丙类液体储罐布置在同一储罐区时，罐区的总容量可按 $1m^3$ 甲、乙类液体相当于 $5m^3$ 丙类液体折算。

2. 储罐防火堤外侧基脚线至相邻建筑的距离不应小于 10m。

3. 甲、乙、丙类液体的固定顶储罐区或半露天堆场，乙、丙类液体桶装堆场与甲类厂房（仓库）、民用建筑的防火间距，应按本表的规定增加 25%，且甲、乙类液体的固定顶储罐或半露天堆场，乙、丙类液体桶装堆场与甲类厂房（仓库）、裙房、单、多层民用建筑的防火间距不应小于 25m，与明火或散发火花地点的防火间距应按本表有关四级耐火等级建筑物的规定增加 25%。

4. 浮顶储罐区或闪点大于 120℃的液体储罐与其他建筑的防火间距，可按本表的规定减少 25%。

5. 当数个储罐区布置在同一库区内时，储罐区之间的防火间距不应小于本表相应容量的储罐区与四级耐火等级建筑物防火间距的较大值。

6. 直埋地下的甲、乙、丙类液体卧式罐，当单罐容量不大于 $50m^3$，总容量不大于 $200\ m^3$ 时与建筑物的防火间距可按本表规定减少 50%。

7. 室外变、配电站指电力系统电压为 35~500kV 且每台变压器容量不小于 $10MV \cdot A$ 的室外变、配电站和工业企业的变压器总油量大于 5t 的室外降压变电站。

② 可燃气体储罐与其他建筑的防火间距，不应小于 GB 50016—2014《建筑设计防火规范》的要求。湿式可燃气体储罐、固定容积的可燃气体储罐、密度比空气小的干式可燃气体储罐与与其他建筑的防火间距不应小于表 5-10 的要求。密度比空气大的干式可燃气体储罐应按表 5-10 的规定增加 25%。容积不大于 $20m^3$ 的可燃气体储罐与其使用厂房的防火间距不限。

表 5-10　可燃气体储罐（区）与其他建筑的防火间距　　　　　　　　　　　m

名　称		湿式可燃气体储罐（总容积 V/m^3）				
		$V < 1000$	$1000 \leqslant V < 10000$	$10000 \leqslant V < 50000$	$50000 \leqslant V < 100000$	$100000 \leqslant V < 300000$
甲类仓库 甲、乙、丙类液体储罐 可燃材料堆场 室外变、配电站 明火或散发火花的地点		20	25	30	35	40
高层民用建筑		25	30	35	40	45
裙房，单、多层民用建筑		18	20	25	30	35
其他建筑	一、二级	12	15	20	25	30
	三级	15	20	25	30	35
	四级	20	25	30	35	40

注：固定容积可燃气体储罐的总容积按储罐几何容积（m^3）和设计储存压力（绝对压力，$10^5 Pa$）的乘积运算。

③ 氧气储罐与其他建筑的防火间距，不应小于 GB 50016—2014《建筑设计防火规范》的要求。

湿式氧气储罐、固定容积的氧气储罐与其他建筑的防火间距不应小于表 5-11 的要求。容积不大于 50m³ 的氧气储罐与其使用厂房的防火间距不限。

表 5-11　氧气储罐（区）与其他建筑的防火间距　　　　　　　　　　　　　m

名　　称		湿式氧气储罐（总容积 V/m³）		
		$V \leqslant 1000$	$1000 < V \leqslant 50000$	$V > 50000$
明火或散发火花地点		25	30	35
甲、乙、丙类液体储罐，可燃材料堆场，甲类仓库，室外变、配电站		20	25	30
民用建筑		18	20	25
其他建筑	一、二级	10	12	14
	三级	12	14	16
	四级	14	16	18

注：固定容积氧气储罐的总容积按储罐几何容积（m³）和设计储存压力（绝对压力，10^5Pa）的乘积运算。

整改措施：危险化学品储罐（区）与其他建筑防火间距不足的，应按照技术要求进行整改以满足防火间距的要求。

（3）危险化学品压力储罐、安全附件未定期检测检验

依据：《中华人民共和国特种设备安全法》

技术要求：

① 使用危险化学品压力储罐等特种设备，应向负责特种设备安全监督管理的部门办理使用登记，取得使用登记证书。登记标志应当置于该特种设备的显著位置。

② 特种设备使用单位应当对其使用的特种设备、特种设备的安全附件、安全保护装置进行定期校验、检修，并做出记录。

整改措施：

① 危险化学品压力储罐应取得使用登记证书；

② 危险化学品压力储罐及其安全附件应有在有效期内的检验报告。

（4）重点监管的危险化学品储罐（区）设置不满足要求

依据：《国家安全监管总局关于公布首批重点监管的危险化学品名录的通知》（安监总管三〔2011〕95 号）、《国家安全监管总局办公厅关于印发首批重点监管的危险化学品安全措施和应急处置原则的通知》（安监总管三〔2011〕142 号）、《国家安全监管总局关于公布第二批重点监管危险化学品名录的通知》（安监总管三〔2013〕12 号）

技术要求：国家安监总局提出首批、第二批共 74 种重点监管的危险化学品，对每种重点监管的危险化学品均规定了储罐等压力容器的设置要求。

整改措施：涉危使用工业企业应根据国家公布的重点监管的危险化学品名录，按照重点监管的危险化学品储罐设置要求进行整改。

（5）危险化学品罐（区）安全设备设施配置不满足要求

依据：GB 50016—2014《建筑设计防火规范》、GB 50351—2005《储罐区防火堤设计规范》《国家安全监管总局关于进一步加强化学品罐区安全管理的通知》（安监总管三〔2014〕68

号)、《工业管道的基本识别色、识别符号和安全标识》

技术要求：

① 易燃、易爆、剧毒危险化学品储罐和危险化学品压力储罐、构成危险化学品重大危险源的罐区应进行安全监控。安全监控主要参数包括：罐内介质的液位、温度、压力、流量/流速、罐区内可燃/有毒气体浓度和风向、风速、环境温度等；危险化学品安全监控装备应符合 AQ 3035《危险化学品重大危险源安全监控通用技术规范》和 AQ 3036《危险化学品重大危险源罐区现场安全监控装备设置规范》的规定，并定期进行检验。

② 危险化学品储罐进出口管道紧邻罐壁的第一道阀门应设置自动或手动紧急切断阀或阀门组，并保证有效。

③ 储存易燃、易爆、有毒危险化学品的罐区和有刺激性、窒息性气体的罐区应在显著位置设置风向标。

④ 危险化学品固定顶储罐应设通气管或呼吸阀，宜选用呼吸阀，呼吸阀应配有阻火器及呼吸阀挡板，阻火器及呼吸阀应有防冻措施。

⑤ 罐区防火堤的有效容量不应小于其中最大储罐的容量，对于浮顶罐，防火堤的有效容量为最大储罐容量的 1/2。防火堤的高度应为 1.0 ~ 2.2m，在防火堤的适当位置应设置便于灭火救援人员进出防火堤的踏步。

⑥ 罐区应设置事故状态下泄漏的危险化学品和事故废水的收集、储存设施，其容器应满足事故状态下的有效收集和储存，收集、储存设施包括事故应急池、事故罐、防火堤内或围堰内区域等，事故应急池、防火堤内或围堰内区域应做防渗处理。

⑦ 危险化学品罐(区)应设置视频监控报警系统。

⑧ 根据管道内物质的一般性能，分为 8 类，并相应规定了 8 种基本识别色和相应的颜色标准编号及色样(详见相关标准)。

整改措施：

① 涉危使用工业企业的危险化学品罐区未安装或设施不完善的，应委托相关资质设计单位进行设计，制定方案进行整改。

② 储罐及管道应设置介质、位号标识，管道应设置介质识别色及流向标识。

(6) 可燃液体储罐(区)安全设备设施配置不满足要求

依据： GB 50016—2014《建筑设计防火规范》、GB 50351—2005《储罐区防火堤设计规范》、GB 50116—2013《火灾自动报警系统设计规范》、HG 20571—2014《化工企业安全卫生设计规范》

技术要求：

① 可燃液体储罐按单罐单堤的要求设置不燃性防火堤或防火隔堤。

② 储存易燃、易爆危险化学品的罐区消防车道边应设置防爆型手动火灾报警按钮，相邻报警按钮间距小于或等于 100m。罐区现场火灾报警信号影传输至控制室，控制室应设置火灾声光报警装置。手动火灾报警按钮应设置在明显和便于操作的部位。

③ 属于易燃易爆且储存量大于或等于 GB 18218—2009 中表 1 和表 2 中所列的危险化学品临界量 50% 的储罐应设置符合 GB 50116 规定的火灾自动报警系统，并应设置消防控制室。火灾自动报警信号保持有效。

④ 易燃易爆危险化学品罐区防火堤内或围堰区域应采用防静电地面。

⑤ 罐区控制室应设置易燃、易爆危险化学品安全监控声光报警装置。

⑥ 罐区入口处，应设置人体导除静电装置。

整改措施：根据罐区的实际情况增设要求的安全设施。

（7）有毒有害品储罐（区）安全设备设施配置不满足要求

依据：《中华人民共和国职业病防治法》

技术要求：对可能发生急性职业损伤的有毒、有害工作场所，用人单位应当设置报警装置，配置现场急救用品、冲洗设备、应急撤离通道和必要的泄险区。

整改措施：储罐（区）应根据有毒有害品的性质配置现场急救用品、冲洗设备、应急撤离通道和必要的泄险区等。

（8）腐蚀品储罐（区）安全设备设施配置不满足要求

依据：GB 50351—2005《储罐区防火堤设计规范》

技术要求：

① 储罐区内的地面应采取防渗漏和防腐蚀措施。

② 应根据腐蚀性液体特性，配备中和剂等应急救援物资。

整改措施：根据腐蚀性液体特性，采取防渗漏和防腐蚀措施，配备中和剂等应急救援物资。

（9）气体储罐（区）安全设备设施配置不满足要求

依据：GB 50351—2005《储罐区防火堤设计规范》

技术要求：

① 储存介质蒸气相对密度（空气=1）大于或等于1的罐区应设置防火堤或围堤，防火堤或围堤的有效容积不应小于储罐区内1个最大储罐的容积。

② 气体（不包括空气）罐区应配备正压式空气呼吸器。

整改措施：按照技术要求设置安全设备设施。

第6章　危险化学品使用单位安全标准化

6.1　安全生产标准化基本概念

  企业安全生产标准化是指企业通过落实企业安全生产主体责任，通过全员全过程参与，建立并保持安全生产管理体系，全面管控生产经营活动各环节的安全生产与职业卫生工作，实现安全健康管理系统化、岗位操作行为规范化、设备设施本质安全化、作业环境器具定置化，并持续改进。

  安全生产标准化的工作按照"政府推动、行业指导、企业主体、社会参与"原则推进。开展安全生产标准化建设工作，一是国家法规政策的客观要求；二是落实企业安全生产主体责任的必要途径；三是强化企业安全生产基础工作的长效制度；四是政府实施分类指导、分级监管的重要依据和有效防范事故发生的重要手段；五是指导企业完善提高自身安全生产管理水平的重要方式和方法；六是安全生产工作从粗放式管理向精细化管理转变的必然选择。通过安全生产标准化，全面提升企业安全生产管理水平，逐步建立动态的隐患排查治理机制，达到有效预防生产安全事故、实现本质安全的目的。

  开展安全生产标准化的作用主要包括：帮助企业消除大量存在的安全生产隐患，有助于提升企业的本质安全水平；遏制各类安全生产事故的发生，降低事故发生的概率；企业安全文化意识及氛围大幅提升；企业安全生产的规范化、制度化管理得到改进，生产效率明显提高。

6.2　安全生产标准化行业规范

6.2.1　基本规范

  2010年4月15日，国家安全生产监督管理总局发布了《企业安全生产标准化基本规范》安全生产行业标准，标准编号为AQ/T 9006—2010，自2010年6月1日起实施。

  新版GB/T 33000—2016《企业安全生产标准化基本规范》(以下简称新版《基本规范》)于2017年4月1日起正式实施。该标准由国家安全生产监督管理总局提出，全国安全生产标准化技术委员会归口，中国安全生产协会负责起草。该标准实施后，AQ/T 9006—2010《企业安全生产标准化基本规范》将废止。

6.2.2　行业规范

6.2.2.1　工贸行业

《冶金等工贸企业安全生产标准化基本规范评分细则》
《机械制造企业安全质量标准化考核评级标准》
《冶金企业安全生产标准化评定标准(轧钢)》

《冶金企业安全生产标准化评定标准(焦化)》

《冶金企业安全生产标准化评定标准(烧结球团)》

《冶金企业安全生产标准化评定标准(铁合金)》

《水泥企业安全生产标准化评定标准》

《氧化铝企业安全生产标准化评定标准》

《电解铝(含熔铸、碳素)企业安全生产标准化评定标准》

《冶金企业安全生产标准化评定标准(炼钢)》

《冶金企业安全生产标准化评定标准(炼铁)》

《冶金企业安全生产标准化评定标准(煤气)》

《平板玻璃企业安全生产标准化评定标准》

《建筑卫生陶瓷企业安全生产标准化评定标准》

《白酒生产企业安全生产标准化评定标准》

《啤酒生产企业安全生产标准化评定标准》

《乳制品生产企业安全生产标准化评定标准》

《仓储物流企业安全生产标准化评定标准》

《商场企业安全生产标准化评定标准》

《食品生产企业安全生产标准化评定标准》

《纺织企业安全生产标准化评定标准》

《造纸企业安全生产标准化评定标准》

《有色重金属冶炼企业安全生产标准化评定标准》

《有色金属压力加工企业安全生产标准化评定标准》

《调味品生产企业安全生产标准化评定标准》

《服装生产企业安全生产标准化评定标准》

《酒店业企业安全生产标准化评定标准》

《酒类(葡萄酒、露酒)生产企业安全生产标准化评定标准》

《石膏板生产企业安全生产标准化评定标准》

《饮料企业安全生产标准化评定标准》

6.2.2.2 电力行业

2011 年 8 月，国家电监会和国家安全生产监督管理总局联合印发《关于深入开展电力安全生产标准化工作的指导意见》(电监安全〔2011〕21 号)、《电力企业安全生产标准化规范及达标评级标准》(电监安全〔2011〕23 号)，2011 年 9 月 21 日，电监会印发了《电力安全标准化达标评级管理办法》(电监安全〔2011〕28 号)以及《电力安全生产标准化达标评级实施细则》(办安全〔2011〕83 号)。

6.2.2.3 交通运输

2011 年 6 月 29 日，交通运输部下发了《关于印发交通运输企业安全生产标准化建设实施方案的通知》(交安监发〔2011〕322 号)，2012 年 4 月 20 日，交通运输部起草了《交通运输企业安全生产标准化考评管理办法》和《交通运输企业安全生产标准化达标考评指标》，并下发了《关于印发交通运输企业安全生产标准化考评管理办法和达标考评指标的通知》(交安监发〔2012〕175 号)，要求各企业结合实际，抓好细化落实。

6.2.2.4 危化行业

2011年6月20日，国家安全生产监督管理总局下发了《国家安全监管总局关于印发危险化学品从业单位安全生产标准化评审标准的通知》（安监总管三〔2011〕93号），为危化品从业单位安全生产标准化建设提供指导。

2011年9月16日，国家安全生产监督管理总局下发了《国家安全监管总局关于印发危险化学品从业单位安全生产标准化评审工作管理办法的通知》（安监总管三〔2011〕145号），文件规定了危化品企业安全生产标注化评审条件、流程、评审单位、达标分级及其他相关要求。

具体标准有：

《危险化学品从业单位安全标准化通用规范》

《氯碱生产企业安全生产标准化实施指南》

《合成氨生产企业安全生产标准化实施指南》

《硫酸生产企业安全生产标准化实施指南》

《涂料生产企业安全生产标准化实施指南》

《溶解乙生产企业安全生产标准化实施指南》

《电石生产企业安全生产标准化实施指南》

6.2.2.5 非煤矿山

2011年8月11日安监总局下发了《国家安全监管总局关于进一步加强非煤矿山安全生产标准化建设工作的通知》（安监总管一〔2011〕104号）、《金属非金属矿山安全标准化规范导则》《关于印发金属非金属矿山安全生产标准化评分方法的通知》（安监总厅管一〔2011〕177号）、《石油行业安全生产标准化导则》。

《金属非金属矿山安全标准化规范导则》

《金属非金属矿山安全标准化规范地下矿山实施指南》

《金属非金属矿山安全标准化规范露天矿山实施指南》

《金属非金属矿山安全标准化规范尾矿库实施指南》

《金属非金属矿山安全标准化规范小型露天采石场实施指南》

《石油行业安全生产标准化导则》

《石油行业安全生产标准化地球物理勘探实施规范》

《石油行业安全生产标准化钻井实施规范》

《石油行业安全生产标准化测录井实施规范》

《石油行业安全生产标准化井下作业实施规范》

《石油行业安全生产标准化路上采油实施规范》

《石油行业安全生产标准化路上采气实施规范》

《石油行业安全生产标准化海上油气生产实施规范》

《石油行业安全生产标准化管道储运实施规范》

《石油行业安全生产标准化工程建设施工实施规范》

6.2.2.6 建筑行业

2013年3月11日，住房和城乡建设部办公厅下发了《住房城乡建设部办公厅关于开展建筑施工安全生产标准化考评工作的指导意见》（建办质〔2013〕11号），明确了考评目的、考评主体及整体的实施方法，并提出各地住房城乡建设主管部门要根据本地区实际情况，制定切实可行的考评办法，有序推进建筑施工安全生产标准化考评工作。

6.2.2.7　烟花爆竹

《烟花爆竹生产企业安全生产标准化评审标准》

《烟花爆竹经营企业安全生产标准化评审标准》

6.2.2.8　煤矿安全

《煤矿安全质量标准化基本要求及评分办法》

6.3　安全生产标准化基本规范

6.3.1　特点

近年来，国家安全生产监督管理总局高度重视企业安全生产标准化工作的推动、实施，在各级安全监管部门和相关行业管理部门的大力推动下，广大企业积极开展安全生产标准化创建工作。经不断探索与实践，企业安全生产标准化工作在增强安全发展理念、强化安全生产红线意识、夯实企业安全生产基础、推动落实企业安全生产主体责任、提升安全生产管理水平等方面发挥了重要作用，取得了显著成效。特别是《安全生产法》已将推进企业安全生产标准化建设写入法律条文，成为企业的法定职责。企业安全生产标准化建设越来越受到企业的重视，成为提高企业本质安全、推进隐患排查治理和风险防控的基本措施；越来越受到各级党委政府的重视，成为衡量企业负责人是否履行安全生产主任责任的重要依据。为进一步引导推动广大企业自主开展安全生产标准化建设，建立安全生产管理体系，健全完善安全生产长效机制，提升企业安全生产管理水平，特制定本标准。

新版 GB/T 33000—2016《企业安全生产标准化基本规范》（以下简称新版《基本规范》）在总结企业安全生产标准化建设工作实践经验的基础上，突出体现三个特点：

一是突出了企业安全管理系统化要求。新版《基本规范》贯彻落实国家法律法规、标准规范的有关要求，进一步规范从业人员的作业行为，提升设备现场本质安全水平，促进风险管理和隐患排查治理工作，有效夯实企业安全基础，提升企业安全管理水平。更加注重安全管理系统的建立、有效运行并持续改进，引导企业自主进行安全管理。

二是调整了企业安全生产标准化管理体系的核心要素。为使一级要素的逻辑结构更具系统性，新版《基本规范》将原 13 个一级要素梳理为 8 个：目标职责、制度化管理、教育培训、现场管理、安全风险管控及隐患排查治理、应急管理、事故管理和持续改进。强调了落实企业领导层责任、全员参与、构建双重预防机制等安全管理核心要素，指导企业实现安全健康管理系统化、岗位操作行为规范化、设备设施本质安全化、作业环境器具定置化，并持续改进。

三是提出安全生产与职业健康管理并重的要求。《中共中央国务院关于推进安全生产领域改革发展的意见》中要求，企业对本单位安全生产和职业健康工作负全面责任，要严格履行安全生产法定责任，建立健全自我约束、持续改进的内生机制。建立企业全过程安全生产和职业健康管理制度，坚持管安全生产必须管职业健康。新版《基本规范》将安全生产与职业健康要求一体化，强化企业职业健康主体责任的落实。同时，实行了企业安全生产标准化体系与国际通行的职业健康管理体系的对接。

新版《基本规范》作为企业安全生产管理体系建立的重要依据，以国家标准发布实施，将在企业安全生产标准化实践中发挥积极的推动作用，指导和规范广大企业自主进行安全管理，深化企业安全生产标准化建设成效，引导企业科学发展、安全发展，做到安全不是"投入"而是"投资"，实现企业生产质量、效益和安全的有机统一，能够产生广泛而实际的社会效益和经济效益。

6.3.2　安全生产标准化管理体系

企业安全生产标准化基本规范规定了企业安全生产标准化管理体系建立、保持与评定的原则和一般要求，以及目标职责、制度化管理、教育培训、现场管理、安全风险管控及隐患排查治理、应急管理、事故管理和持续改进8个体系的核心技术要求。适用于工矿企业开展安全生产标准化建设工作，有关行业制修订安全生产标准化标准、评定标准，以及对标准化工作的咨询、服务、评审、科研、管理和规划等。其他企业和生产经营单位等可参照执行。

企业开展安全生产标准化工作，应遵循"安全第一、预防为主、综合治理"的方针，落实企业主体责任。以安全风险管理、隐患排查治理、职业病危害防治为基础，以安全生产责任制为核心，建立安全生产标准化管理体系，实现全员参与，全面提升安全生产管理水平，持续改进安全生产工作，不断提升安全生产绩效，预防和减少事故的发生，保障人身安全健康，保证生产经营活动的有序进行。采用"策划、实施、检查、改进"的"PDCA"动态循环模式，持续提升安全生产绩效。企业安全生产标准化管理体系的运行情况，采用企业自评和评审单位评审的方式进行评估。

6.3.3　核心要求

6.3.3.1　目标职责

企业应根据自身安全生产实际，制定文件化的总体和年度安全生产与职业卫生目标，并纳入企业总体生产经营目标。落实安全生产组织领导机构，成立安全生产委员会，并应按照有关规定设置安全生产和职业卫生管理机构，或配备相应的专职或兼职安全生产和职业卫生管理人员，按照有关规定配备注册安全工程师，建立健全从管理机构到基层班组的管理网络。企业主要负责人全面负责安全生产和职业卫生工作，并履行相应责任和义务。建立健全安全生产和职业卫生责任制，明确各级部门及从业人员的安全生产和职业卫生职责，并对职责的适宜性及履职情况进行定期评估和监督考核。为全员参与安全生产和职业卫生工作创造必要的条件。企业应建立安全生产投入保障制度，按照有关规定提取和使用安全生产费用，并建立使用台账。企业应开展安全文化建设，确立本企业的安全生产和职业病危害防治理念及行为准则，并教育、引导全体从业人员贯彻执行。根据自身实际情况，利用信息化手段加强安全生产管理工作，开展安全生产电子台账管理、重大危险源监控、职业病危害防治、应急管理、安全风险管控和隐患自查自报、安全生产预测预警等信息系统的建设。

6.3.3.2　制度化管理

企业应建立安全生产和职业卫生法律法规、标准规范的管理制度，应将适用的安全生产和职业卫生法律法规、标准规范的相关要求及时转化为本单位的规章制度、操作规程，并及时传达给相关从业人员，确保相关要求落实到位。建立健全安全生产和职业卫生规章制度，并征求工会及从业人员意见和建议，规范安全生产和职业卫生管理工作。确保从业人员及时获取制度文本。按照有关规定，结合本企业生产工艺、作业任务特点以及岗位作业安全风险与职业病防护要求，编制齐全适用的岗位安全生产和职业卫生操作规程，发放到相关岗位员工，并严格执行。企业应确保从业人员参与岗位安全生产和职业卫生操作规程的编制和修订工作。

企业应建立文件和记录管理制度，明确安全生产和职业卫生规章制度、操作规程的编制、评审、发布、使用、修订、作废以及文件和记录管理的职责、程序和要求。应每年至少评估一次安全生产和职业卫生法律法规、标准规范、规章制度、操作规程的适宜性、有效性和执行情况。根据评估结果、安全检查情况、自评结果、评审情况、事故情况等，及时修订安全生产和职业卫生规章制度、操作规程。

6.3.3.3 教育培训

企业应建立健全安全教育培训制度，按照有关规定进行培训。培训大纲、内容、时间应满足有关标准的规定。安全教育培训应包括安全生产和职业卫生的内容。企业的主要负责人和安全生产管理人员应具备与本企业所从事的生产经营活动相适应的安全生产和职业卫生知识与能力。对从业人员进行安全生产和职业卫生教育培训。未经安全教育培训合格的从业人员，不应上岗作业。应对进入企业从事服务和作业活动的承包商、供应商的从业人员和接收的中等职业学校、高等学校实习生，进行入厂（矿）安全教育培训，并保存记录。

6.3.3.4 现场管理

建设项目的安全设施和职业病防护设施应与建设项目主体工程同时设计、同时施工、同时投入生产和使用。应执行设备设施采购、到货验收制度，购置、使用设计符合要求、质量合格的设备设施。对设备设施进行规范化管理，建立设备设施管理台账。建立设备设施检维修管理制度，制定综合检维修计划，加强日常检维修和定期检维修管理，落实"五定"原则。特种设备应按照有关规定，委托具有专业资质的检测、检验机构进行定期检测、检验。建立设备设施报废管理制度。设备设施的报废应办理审批手续，在报废设备设施拆除前应制定方案，并在现场设置明显的报废设备设施标志。

企业应事先分析和控制生产过程及工艺、物料、设备设施、器材、通道、作业环境等存在的安全风险。生产现场应实行定置管理，保持作业环境整洁。应依法合理进行生产作业组织和管理，加强对从业人员作业行为的安全管理，对设备设施、工艺技术以及从业人员作业行为等进行安全风险辨识，采取相应的措施，控制作业行为安全风险。建立班组安全活动管理制度，开展岗位达标活动，明确岗位达标的内容和要求。建立承包商、供应商等安全管理制度。

为从业人员提供符合职业卫生要求的工作环境和条件，为接触职业病危害的从业人员提供个人使用的职业病防护用品，建立、健全职业卫生档案和健康监护档案。企业与从业人员订立劳动合同时，应将工作过程中可能产生的职业病危害及其后果和防护措施如实告知从业人员，并在劳动合同中写明。

企业应按照有关规定，在醒目位置设置公告栏，公布有关职业病防治的规章制度、操作规程、职业病危害事故应急救援措施和工作场所职业病危害因素检测结果。应按照有关规定，及时、如实向所在地安全监管部门申报职业病危害项目，并及时更新信息。对工作场所职业病危害因素进行日常监测，并保存监测记录。定期检测结果中职业病危害因素浓度或强度超过职业接触限值的，企业应根据职业卫生技术服务机构提出的整改建议，结合本单位的实际情况，制定切实有效的整改方案，立即进行整改。

企业应按照有关规定和工作场所的安全风险特点，在有重大危险源、较大危险因素和严重职业病危害因素的工作场所，设置明显的、符合有关规定要求的安全警示标志和职业病危害警示标识。

6.3.3.5 安全风险管控及隐患排查治理

企业应建立安全风险辨识管理制度，组织全员对本单位安全风险进行全面、系统的辨识。安全风险辨识范围应覆盖本单位的所有活动及区域，并考虑正常、异常和紧急三种状态及过去、现在和将来三种时态。建立安全风险评估管理制度，明确安全风险评估的目的、范围、频次、准则和工作程序等。选择工程技术措施、管理控制措施、个体防护措施等，对安全风险进行控制。制定变更管理制度。变更前应对变更过程及变更后可能产生的安全风险进行分析，制定控制措施，履行审批及验收程序，并告知和培训相关从业人员。建立重大危险源管理制度，全面辨识重大危险源，对确认的重大危险源制定安全管理技术措施和应急预案。含有重大危险源的企业应将监控中心(室)视频监控数据、安全监控系统状态数据和监测数据与有关安全监管部门监管系统联网。

企业应建立隐患排查治理制度，逐级建立并落实从主要负责人到每位从业人员的隐患排查治理和防控责任制。并按照有关规定组织开展隐患排查治理工作，及时发现并消除隐患，实行隐患闭环管理。根据隐患排查的结果，制定隐患治理方案，对隐患及时进行治理。隐患治理完成后，企业应按照有关规定对治理情况进行评估、验收。企业应如实记录隐患排查治理情况，至少每月进行统计分析，及时将隐患排查治理情况向从业人员通报。企业应定期或实时报送隐患排查治理情况。

企业应根据生产经营状况、安全风险管理及隐患排查治理、事故等情况，运用定量或定性的安全生产预测预警技术，建立体现企业安全生产状况及发展趋势的安全生产预测预警体系。

6.3.3.6 应急管理

企业应按照有关规定建立应急管理组织机构或指定专人负责应急管理工作，建立与本企业安全生产特点相适应的专(兼)职应急救援队伍。应在开展安全风险评估和应急资源调查的基础上，建立生产安全事故应急预案体系，制定符合 GB/T 29639 规定的生产安全事故应急预案，针对安全风险较大的重点场所(设施)制定现场处置方案，并编制重点岗位、人员应急处置卡。根据可能发生的事故种类特点，按照有关规定设置应急设施，配备应急装备，储备应急物资，建立管理台账，安排专人管理，并定期检查、维护、保养，确保其完好、可靠。按照 AQ/T 9007 的规定定期组织公司(厂、矿)、车间(工段、区、队)、班组开展生产安全事故应急演练，做到一线从业人员参与应急演练全覆盖，并按照 AQ/T 9009 的规定对演练进行总结和评估，根据评估结论和演练发现的问题，修订、完善应急预案，改进应急准备工作。生产、经营、运输、储存、使用危险物品或处置废弃危险物品的生产经营单位，应建立生产安全事故应急救援信息系统，并与所在地县级以上地方人民政府负有安全生产监督管理职责部门的安全生产应急管理信息系统互联互通。

发生事故后，企业应根据预案要求，立即启动应急响应程序，按照有关规定报告事故情况，并开展先期处置。对应急准备、应急处置工作进行评估。生产、经营、运输、储存、使用危险物品或处置废弃危险物品的企业，应每年进行一次应急准备评估。完成险情或事故应急处置后，企业应主动配合有关组织开展应急处置评估。

6.3.3.7 事故管理

企业应建立事故报告程序，明确事故内外部报告的责任人、时限、内容等，并教育、指导从业人员严格按照有关规定的程序报告发生的生产安全事故。建立内部事故调查和处理制度，按照有关规定、行业标准和国际通行做法，将造成人员伤亡(轻伤、重伤、死亡等人身伤害和急性中毒)和财产损失的事故纳入事故调查和处理范畴。建立事故档案和管理台账，将承包商、供应商等相关方在企业内部发生的事故纳入本企业事故管理。

6.3.3.8 持续改进

企业每年至少应对安全生产标准化管理体系的运行情况进行一次自评，验证各项安全生产制度措施的适宜性、充分性和有效性，检查安全生产和职业卫生管理目标、指标的完成情况。根据安全生产标准化管理体系的自评结果和安全生产预测预警系统所反映的趋势，以及绩效评定情况，客观分析企业安全生产标准化管理体系的运行质量，及时调整完善相关制度文件和过程管控，持续改进，不断提高安全生产绩效。

6.4 危险化学品使用单位安全生产标准化评审

为贯彻落实《安全生产法》，更好地开展危险化学品从业单位安全生产标准化评审工作，根据国家安全监管总局印发的《危险化学品从业单位安全生产标准化评审标准》(安监总管三〔2011〕93 号)和《企业安全生产标准化评审工作管理办法(试行)》(安监总办〔2014〕49 号)，必须推动危险化学品企业落实安全生产主体责任，做好危险化学品使用单位安全生产标准化评审工作。

6.4.1 评审程序

危险化学品使用单位安全生产标准化建设以危险化学品使用单位自主创建为主，程序包括自评、申请、评审、公告、颁发证书和牌匾。危险化学品从业单位在开展安全生产标准化建设时，可以依据危险化学品安全生产标准化相关要求及标准对本单位安全生产条件及安全管理现状进行诊断，有针对性地开展安全生产标准化建设。

6.4.2 现场评审

(1) 评审工作应在收到评审通知之日起 3 个月内完成(不含企业整改时间)。

(2) 评审单位应根据企业规模及工艺成立评审工作组，指定评审组组长。评审工作组成员应按照评审计划和任务分工实施评审，专家不得单独承担评审任务。

评审工作组至少由 2 名评审人员组成，可聘请专家提供技术支撑。

(3) 评审单位应如实记录评审工作，评审记录应详实、准确、全面。

(4) 评审工作组完成评审后，应编写评审报告。参加评审的评审组成员应在评审报告上签字。评审报告经评审单位负责人审批，并在完成评审后 1 个月内提交相应的评审组织单位。评审工作组应将否决项与扣分项清单和整改要求反馈给企业，由企业整改，并由评审单位现场核实。

(5) 评审计分方法。

① 每个 A 级要素满分为 100 分，各个 A 级要素的评审得分乘以相应的权重系数，然后相加得到评审总分值。评审满分为 100 分，计算方法如下：

$$M = \sum_{1}^{n} K_i \cdot M_i$$

式中 M——总分值；

K_i——权重系数；

M_i——各 A 级要素得分值；

n——A 级要素的数量$(1 \leqslant n \leqslant 12)$。

② 当企业不涉及相关 B 级要素时为缺项，按零分计。A 级要素得分值折算方法如下：

$$M_i = \frac{M_{i实} \times 100}{M_{i满}}$$

式中 $M_{i实}$——A 级要素实得分值；

$M_{i满}$——扣除缺项后的要素满分值。

③ 每个 B 级要素分值扣完为止。

④ 申请危险化学品从业单位安全生产标准化一级、二级、三级的企业评审得分均应在 80 分(含)以上，且每个 A 级要素评审得分均应在 60 分(含)以上。

(6) 评审单位应将评审资料存档，包括技术服务合同、评审通知、评审计划、评审记录、否决项与扣分项清单、评审报告、现场核实材料、企业申请资料等。

6.4.3 有关要求

为推动通过评审的危险化学品安全生产标准化企业持续改进、不断强化安全生产工作，评审组织单位每年应按照不低于 20% 的比例组织抽查。抽查内容应覆盖企业适用的安全生产标准化所有要素，且覆盖企业半数以上的管理部门和生产现场。

严格按照《企业安全生产标准化评审工作管理办法(试行)》要求，积极推进危险化学品从业单位安全生产标准建设，不断提升安全生产标准化工作质量和水平，持续夯实企业安全生产基础，加快提高安全保障能力，有效防范和遏制危险化学品安全事故。

A 级要素权重系数见表 6-1。

表 6-1　A 级要素权重系数

A 级要素	权重系数(K_i)	A 级要素	权重系数(K_i)
法律、法规和标准	0.05	作业安全	0.15
机构和职责	0.06	职业健康	0.05
风险管理	0.12	危险化学品管理	0.05
管理制度	0.05	事故与应急	0.06
培训教育	0.10	检查与自评	0.06
生产设施及工艺安全	0.20	本地区的要求	0.05

第 7 章　危险化学品使用单位应急预案

7.1　生产安全事故应急预案管理

2016 年 6 月 3 日国家安全生产监督管理总局公布第 88 号令，修订后的《生产安全事故应急预案管理办法》已经 2016 年 4 月 15 日国家安全生产监督管理总局第 13 次局长办公会议审议通过，自 2016 年 7 月 1 日起施行。

应急预案的管理实行属地为主、分级负责、分类指导、综合协调、动态管理的原则。

国家安全生产监督管理总局负责全国应急预案的综合协调管理工作。县级以上地方各级安全生产监督管理部门负责本行政区域内应急预案的综合协调管理工作。县级以上地方各级其他负有安全生产监督管理职责的部门按照各自的职责负责有关行业、领域应急预案的管理工作。

生产经营单位主要负责人负责组织编制和实施本单位的应急预案，并对应急预案的真实性和实用性负责；各分管负责人应当按照职责分工落实应急预案规定的职责。

生产经营单位应急预案分为综合应急预案、专项应急预案和现场处置方案。综合应急预案，是指生产经营单位为应对各种生产安全事故而制定的综合性工作方案，是本单位应对生产安全事故的总体工作程序、措施和应急预案体系的总纲。专项应急预案，是指生产经营单位为应对某一种或者多种类型生产安全事故，或者针对重要生产设施、重大危险源、重大活动防止生产安全事故而制定的专项性工作方案。现场处置方案，是指生产经营单位根据不同生产安全事故类型，针对具体场所、装置或者设施所制定的应急处置措施。

7.1.1　应急预案的编制

应急预案的编制应当遵循以人为本、依法依规、符合实际、注重实效的原则，以应急处置为核心，明确应急职责、规范应急程序、细化保障措施。应急预案的编制应当符合下列基本要求：

① 有关法律、法规、规章和标准的规定；

② 本地区、本部门、本单位的安全生产实际情况；

③ 本地区、本部门、本单位的危险性分析情况；

④ 应急组织和人员的职责分工明确，并有具体的落实措施；

⑤ 有明确、具体的应急程序和处置措施，并与其应急能力相适应；

⑥ 有明确的应急保障措施，满足本地区、本部门、本单位的应急工作需要；

⑦ 应急预案基本要素齐全、完整，应急预案附件提供的信息准确；

⑧ 应急预案内容与相关应急预案相互衔接。

编制应急预案应当成立编制工作小组，由本单位有关负责人任组长，吸收与应急预案有关的职能部门和单位的人员，以及有现场处置经验的人员参加。编制应急预案前，编制单位应当进行事故风险评估和应急资源调查。

事故风险评估，是指针对不同事故种类及特点，识别存在的危险危害因素，分析事故可能产生的直接后果以及次生、衍生后果，评估各种后果的危害程度和影响范围，提出防范和控制事故风险措施的过程。

开展生产安全事故风险评估，撰写评估报告，主要内容包括：

- 分析生产经营单位存在的危险因素，确定可能发生的生产安全事故类型；
- 分析各种事故类型发生的可能性和后果，确定事故具体类别及级别；
- 评估现有事故风险控制措施及应急措施存在的差距，提出应急资源的需求分析。

风险评估是确定突发事件、应急预案编制（修订）的基础和关键过程。一个企业或单位到底有哪些风险比较大的突发事件，到底应该编制哪些应急预案呢？为此应开展风险评估工作，预案编制（修订）小组首先应进行初步的资料收集，包括相关法律法规、应急预案、技术标准、国内外同行业事故案例分析、本单位技术资料、重大危险源等。

在危险因素辨识分析、评价及事故隐患排查、治理的基础上，确定本区域或本单位可能发生事故的危险源、事故的类型、影响范围和后果等，并指出事故可能产生的次生、衍生事故，形成风险评估报告，评估结果就是确定的突发事件，作为专项应急预案的编制依据。

编制大纲如下：

生产安全事故风险评估报告编制大纲

A.1　总则

　　A.1.1　编制原则

　　A.1.2　编制依据

　　　　包括：政策法规、技术指南、标准规范、其他文件

A.2　生产经营单位基本概况

　　A.2.1　生产经营单位基本信息

　　A.2.2　生产经营单位危险有害因素辨识情况

　　A.2.3　生产经营单位安全生产管理情况

　　A.2.4　现有事故风险防控与应急措施情况

A.3　事故发生可能性及其后果分析

　　A.3.1　事故情景分析

　　A.3.2　事故发生可能性分析

　　A.3.3　事故的危害后果和影响范围分析

A.4　划定事故风险等级

A.5　现有控制及应急措施差距分析

A.6　制定完善生产安全事故风险防控和应急措施

A.7　评估结论

应急资源调查，是指全面调查本地区、本单位第一时间可以调用的应急资源状况和合作区域内可以请求援助的应急资源状况，并结合事故风险评估结论制定应急措施的过程。

全面调查本单位应急队伍、装备、物资、场所等应急资源状况，以及周边单位和政府部门可请求援助的应急资源状况，分析应急资源性能可能受事故影响的情况，并根据生产经营单位风险评估得出的应急资源需求，并提出补充应急资源、完善应急保障的措施，应急资源调查报告编制大纲如下：

生产安全事故应急资源调查报告编制大纲

A.1　总则

A.1.1　调查对象及范围

A.1.2　调查目的

A.1.3　调查依据

A.1.4　调查工作程序

A.2　生产经营单位概况

A.2.1　生产经营单位基本信息

A.2.2　生产经营单位主要风险状况

A.3　企业应急资源

按照应急资源的分类，分别描述相关应急资源的基本现状、功能完善程度、受可能发生的事故的影响程度等。

A.4　周边社会应急资源调查

描述本企业能够调查或掌握可用于参与事故处置的相关社会应急资源情况。

A.5　应急资源不足或差距分析

重点分析本单位的应急资源以及周边可依托的社会应急资源是否能够满足应急需要，本单位应急资源储备及管理方面存在的问题、不足等。

A.6　应急资源调查主要结论

针对应急资源调查后，形成基本调查结论。

A.7　制定完善应急资源的具体措施

提出完善本单位应急资源保障条件的具体措施。

A.8　附件

附上应急资源调查后的明细表。

地方各级安全生产监督管理部门应当根据法律、法规、规章和同级人民政府以及上一级安全生产监督管理部门的应急预案，结合工作实际，组织编制相应的部门应急预案。部门应急预案应当根据本地区、本部门的实际情况，明确信息报告、响应分级、指挥权移交、警戒疏散等内容。

生产经营单位应当根据有关法律、法规、规章和相关标准，结合本单位组织管理体系、生产规模和可能发生的事故特点，确立本单位的应急预案体系，编制相应的应急预案，并体现自救互救和先期处置等特点。生产经营单位风险种类多、可能发生多种类型事故的，应当组织编制综合应急预案。综合应急预案应当规定应急组织机构及其职责、应急预案体系、事故风险描述、预警及信息报告、应急响应、保障措施、应急预案管理等内容。对于某一种或者多种类型的事故风险，生产经营单位可以编制相应的专项应急预案，或将专项应急预案并入综合应急预案。专项应急预案应当规定应急指挥机构与职责、处置程序和措施等内容。

对于危险性较大的场所、装置或者设施，生产经营单位应当编制现场处置方案。现场处置方案应当规定应急工作职责、应急处置措施和注意事项等内容。事故风险单一、危险性小的生产经营单位，可以只编制现场处置方案。

生产经营单位应急预案应当包括向上级应急管理机构报告的内容、应急组织机构和人员的联系方式、应急物资储备清单等附件信息。附件信息发生变化时，应当及时更新，确保准确有效。

生产经营单位组织应急预案编制过程中，应当根据法律、法规、规章的规定或者实际需要，征求相关应急救援队伍、公民、法人或其他组织的意见。生产经营单位编制的各类应急预案之间应当相互衔接，并与相关人民政府及其部门、应急救援队伍和涉及的其他单位的应急预案相衔接。

生产经营单位应当在编制应急预案的基础上，针对工作场所、岗位的特点，编制简明、实用、有效的应急处置卡。应急处置卡应当规定重点岗位、人员的应急处置程序和措施，以及相关联络人员和联系方式，便于从业人员携带。

7.1.2 应急预案的评审、公布和备案

地方各级安全生产监督管理部门应当组织有关专家对本部门编制的部门应急预案进行审定；必要时，可以召开听证会，听取社会有关方面的意见。

使用危险化学品达到国家规定数量的化工企业应当对本单位编制的应急预案进行评审，并形成书面评审纪要。对本单位编制的应急预案进行论证。

参加应急预案评审的人员应当包括有关安全生产及应急管理方面的专家。评审人员与所评审应急预案的生产经营单位有利害关系的，应当回避。应急预案的评审或者论证应当注重基本要素的完整性、组织体系的合理性、应急处置程序和措施的针对性、应急保障措施的可行性、应急预案的衔接性等内容。

生产经营单位的应急预案经评审或者论证后，由本单位主要负责人签署公布，并及时发放到本单位有关部门、岗位和相关应急救援队伍。事故风险可能影响周边其他单位、人员的，生产经营单位应当将有关事故风险的性质、影响范围和应急防范措施告知周边的其他单位和人员。

地方各级安全生产监督管理部门的应急预案，应当报同级人民政府备案，并抄送上一级安全生产监督管理部门。其他负有安全生产监督管理职责的部门的应急预案，应当抄送同级安全生产监督管理部门。

生产经营单位应当在应急预案公布之日起20个工作日内，按照分级属地原则，向安全生产监督管理部门和有关部门进行告知性备案。

中央企业总部(上市公司)的应急预案，报国务院主管的负有安全生产监督管理职责的部门备案，并抄送国家安全生产监督管理总局；其所属单位的应急预案报所在地的省、自治区、直辖市或者设区的市级人民政府主管的负有安全生产监督管理职责的部门备案，并抄送同级安全生产监督管理部门。

使用危险化学品达到国家规定数量的化工企业的应急预案，按照隶属关系报所在地县级以上地方人民政府安全生产监督管理部门备案。

油气输送管道运营单位的应急预案还应当抄送所跨行政区域的县级安全生产监督管理部门。

生产经营单位申报应急预案备案，应当提交下列材料：

① 应急预案备案申报表；

② 应急预案评审或者论证意见；

③ 应急预案文本及电子文档；

④ 风险评估结果和应急资源调查清单。

受理备案登记的负有安全生产监督管理职责的部门应当在 5 个工作日内对应急预案材料进行核对，材料齐全的，应当予以备案并出具应急预案备案登记表；材料不齐全的，不予备案并一次性告知需要补齐的材料。逾期不予备案又不说明理由的，视为已经备案。

对于实行安全使用许可的生产经营单位，已经进行应急预案备案的，在申请安全使用许可证时，可以不提供相应的应急预案，仅提供应急预案备案登记表。

7.1.3 应急预案的实施

各级安全生产监督管理部门、各类生产经营单位应当采取多种形式开展应急预案的宣传教育，普及生产安全事故避险、自救和互救知识，提高从业人员和社会公众的安全意识与应急处置技能。各级安全生产监督管理部门应当将本部门应急预案的培训纳入安全生产培训工作计划，并组织实施本行政区域内重点生产经营单位的应急预案培训工作。生产经营单位应当组织开展本单位的应急预案、应急知识、自救互救和避险逃生技能的培训活动，使有关人员了解应急预案内容，熟悉应急职责、应急处置程序和措施。应急培训的时间、地点、内容、师资、参加人员和考核结果等情况应当如实记入本单位的安全生产教育和培训档案。

各级安全生产监督管理部门应当定期组织应急预案演练，提高本部门、本地区生产安全事故应急处置能力。生产经营单位应当制定本单位的应急预案演练计划，根据本单位的事故风险特点，每年至少组织一次综合应急预案演练或者专项应急预案演练，每半年至少组织一次现场处置方案演练。应急预案演练结束后，应急预案演练组织单位应当对应急预案演练效果进行评估，撰写应急预案演练评估报告，分析存在的问题，并对应急预案提出修订意见。应急预案编制单位应当建立应急预案定期评估制度，对预案内容的针对性和实用性进行分析，并对应急预案是否需要修订作出结论。使用危险化学品达到国家规定数量的化工企业每3 年进行一次应急预案评估。

应急预案评估可以邀请相关专业机构或者有关专家、有实际应急救援工作经验的人员参加，必要时可以委托安全生产技术服务机构实施。

有下列情形之一的，应急预案应当及时修订并归档：

① 依据的法律、法规、规章、标准及上位预案中的有关规定发生重大变化的；

② 应急指挥机构及其职责发生调整的；

③ 面临的事故风险发生重大变化的；

④ 重要应急资源发生重大变化的；

⑤ 预案中的其他重要信息发生变化的；

⑥ 在应急演练和事故应急救援中发现问题需要修订的；

⑦ 编制单位认为应当修订的其他情况。

应急预案修订涉及组织指挥体系与职责、应急处置程序、主要处置措施、应急响应分级等内容变更的，修订工作应当参照本办法规定的应急预案编制程序进行，并按照有关应急预案报备程序重新备案。

生产经营单位应当按照应急预案的规定，落实应急指挥体系、应急救援队伍、应急物资及装备，建立应急物资、装备配备及其使用档案，并对应急物资、装备进行定期检测和维护，使其处于适用状态。

生产经营单位发生事故时，应当第一时间启动应急响应，组织有关力量进行救援，并按照规定将事故信息及应急响应启动情况报告安全生产监督管理部门和其他负有安全生产监督管理职责的部门。

生产安全事故应急处置和应急救援结束后，事故发生单位应当对应急预案实施情况进行总结评估。

7.1.4　应急预案的监督管理

各级安全生产监督管理部门和煤矿安全监察机构应当将生产经营单位应急预案工作纳入年度监督检查计划，明确检查的重点内容和标准，并严格按照计划开展执法检查。地方各级安全生产监督管理部门应当每年对应急预案的监督管理工作情况进行总结，并报上一级安全生产监督管理部门。对于在应急预案管理工作中做出显著成绩的单位和人员，安全生产监督管理部门、生产经营单位可以给予表彰和奖励。

7.1.5　生产经营单位法律责任

生产经营单位有下列情形之一的，由县级以上安全生产监督管理部门依照《中华人民共和国安全生产法》第九十四条的规定，责令限期改正，可以处 5 万元以下罚款；逾期未改正的，责令停产停业整顿，并处 5 万元以上 10 万元以下罚款，对直接负责的主管人员和其他直接责任人员处 1 万元以上 2 万元以下的罚款：

① 未按照规定编制应急预案的；

② 未按照规定定期组织应急预案演练的。

生产经营单位有下列情形之一的，由县级以上安全生产监督管理部门责令限期改正，可以处 1 万元以上 3 万元以下罚款：

① 在应急预案编制前未按照规定开展风险评估和应急资源调查的；

② 未按照规定开展应急预案评审或者论证的；

③ 未按照规定进行应急预案备案的；

④ 事故风险可能影响周边单位、人员的，未将事故风险的性质、影响范围和应急防范措施告知周边单位和人员的；

⑤ 未按照规定开展应急预案评估的；

⑥ 未按照规定进行应急预案修订并重新备案的；

⑦ 未落实应急预案规定的应急物资及装备的。

7.2　生产安全事故应急预案编制

应急预案的结构形式根据不同层次的危险化学品使用单位，编制的应急预案共有四种结构形式，分别是："$1+n$"（即 1 个总体预案+n 个专项预案）结构、"图表结构"和"卡片结构"，企业应根据层级的不同和规模的大小选择相应的结构形式。

7.2.1　"$1+n$"结构

直属企业、下设有基层单位的二级单位级应急预案采用"$1+n$"的结构，主件部分应包括封面、目录、综合预案和专项预案、附件等内容。

"1+n"的结构包含："1个综合"，实际上就是一个综合应急预案；"n个专项"，就是根据危险性分析出的突发事件的多少以及突发事件的严重程度，来决定编制多少个专项应急预案。

依据GB/T 29639—2013《生产经营单位安全生产事故应急预案编制导则》等的要求编制（修订）综合应急预案和专项应急预案。

综合应急预案是指生产经营单位为应对各种生产安全事故而制定的综合性工作方案，是本单位应对生产安全事故的总体工作程序、措施和应急预案体系的总纲。

综合应急预案主要内容：

zh.1 总则

zh.1.1 适用范围

说明应急预案适用的范围。

zh.1.2 应急预案体系

简述本单位应急预案体系构成分级情况，明确与地方政府等其他相关应急预案的衔接关系（可用图示）。

zh.1.3 应急工作原则

说明本单位应急处置工作的原则，内容应简明扼要、明确具体。

zh.2 应急组织机构及职责

明确生产经营单位的应急组织形式及组成单位（部门）或人员（可用图示），明确构成单位（部门）的应急处置职责。根据事故类型和应急处置工作需要，应急组织机构可设置相应的工作小组，各小组具体构成及职责任务建议作为附件。

zh.3 预警及信息报告

zh.3.1 预警

对于可以预警的生产安全事故，明确预警分级条件，预警信息发布、预警行动以及预警级别调整和解除的程序及内容。

zh.3.2 信息报告

按照有关规定，明确事故及事故险情信息报告程序，主要包括：

a. 信息接收与通报

明确24小时应急值守电话、事故信息接收、通报程序和责任人。

b. 信息上报

明确事故发生后向上级主管部门、上级单位报告事故信息的流程、内容、时限和责任人。

c. 信息传递

明确事故发生后向本单位以外的有关部门或单位通报事故信息的方法、程序和责任人。

zh.4 应急响应

zh.4.1 响应分级

结合事故可能危及人员的数量、影响范围以及单位处置层级等因素综合划定本单位应急响应级别，可分为Ⅰ级、Ⅱ级、Ⅲ级，一般不超过Ⅳ级。

a. Ⅰ级：事故后果超出本单位处置能力，需要外部力量介入方可处置。

b. Ⅱ级：事故后果超出基层单位处置能力，需要本单位采取应急响应行动方可处置。

c. Ⅲ级：事故后果仅限于本单位的局部区域，基层单位采取应急响应行动即可处置。

zh.4.2　响应程序

确定应急响应程序（应配上响应流程方框图），主要包括：

a. 应急响应启动

明确应急响应启动的程序和方式。可由有关领导作出应急响应启动的决策并宣布，或者依据事故信息是否达到应急响应启动的条件自动触发启动。若未达到应急响应启动条件，应做好应急响应准备，实时跟踪事态发展。

b. 应急响应内容

明确应急响应启动后的程序性工作，包括紧急会商、信息上报、应急资源协调、后勤保障、信息公开等工作。

zh.4.3　应急处置

明确事故现场的警戒疏散、医疗救治、现场监测、技术支持、工程抢险、环境保护及人员防护等工作要求。

zh.4.4　扩大应急

明确当事态无法控制情况下，向外部力量请求支援的程序及要求。

zh.4.5　响应终止

明确应急响应结束的基本条件和要求。

zh.5　后期处置

明确污染物处理、生产秩序恢复、医疗救治、人员安置、应急处置评估等内容。

zh.6　应急保障

zh.6.1　通信与信息保障

明确可为本单位提供应急保障的相关单位及人员通信联系方式和方法，以及备用方案。同时，制定信息通信系统及维护方案，确保应急期间信息通畅。

zh.6.2　应急队伍保障

明确相关的应急人力资源，包括应急专家、专业应急队伍、兼职应急队伍等。

zh.6.3　物资装备保障

明确本单位的应急物资和装备的类型、数量、性能、存放位置、运输及使用条件、更新及补充时限、管理责任人及其联系方式等内容，并建立档案。

zh.6.4　其他保障

根据应急工作需求而确定的其他相关保障措施（如：经费保障、交通运输保障、治安保障、技术保障、医疗保障、后勤保障等）。

注：zh.6节的相关内容，应尽可能在应急预案的附件中体现。

zh.7　预案管理

主要明确以下内容：

a. 明确生产经营单位应急预案宣传培训计划、方式和要求；
b. 明确生产经营单位应急预案演练的计划、类型和频次等要求；
c. 明确应急预案评估的期限、修订的程序；
d. 明确应急预案的报备部门。

专项应急预案重点强调专业性，应根据可能的事故类别和特点，明确相应的专业指挥机构、响应程序及针对性的处置措施。当专项应急预案与综合应急预案中的应急组织机构、应急响应程序相近时，可不编写专项应急预案，相应的应急处置措施并入综合应急预案。

专项应急预案主要内容：

zx.1 适用范围

说明专项应急预案适用的范围，以及与综合应急预案的关系。

zx.2 应急组织机构及职责

根据事故类型，明确应急组织机构以及各成员单位或人员的具体职责。应急指挥机构可以设置相应的应急工作小组，明确各小组的工作任务及主要负责人职责。

zx.3 处置措施

针对可能发生的事故风险、危害程度和影响范围，明确应急处置指导原则，制定相应的应急处置措施。

对于服务型或管理型的二级单位或相对比较单一、事件比较少的单位亦可采用"一线式"结构(简化版的"1+n"结构)应急预案，即不做专门的专项应急预案，将应急准备、应急行动程序和应急保障进行细化，并放在综合应急预案中。

7.2.2 图表结构

图表结构是车间、作业队、事业部等基层单位的结构形式，主件部分包括封面、审批单、目录和具体内容等。

图表结构应急预案的具体内容包括两项，即"一图一表"：应急响应程序图和突发事件应急处置表。

一类事件一张表格，可在每类事件中，增加典型场景或个案，一个典型场景或个案一张表格。处置要具体到每个动作，具体到每台设备、每个开关、每个阀门等具体位号，每个动作要具体到岗位，将职责融于行动之中。

7.2.3 卡片结构

卡片结构应急预案即"一事一案"，是班组、岗位应急预案的结构形式，包括：

- 班组或岗位名称、所在装置；
- 可能发生的事件(一事)；
- 初期处置和应急报告；
- 应急行动程序(一案)。

具体编制方法是在基层单位突发事件应急预案正式完善、定稿、发布后，将表格中其他岗位过滤掉，剩下的就是本岗位对应突发事件的应急预案卡片，编号与基层单位表格的标题号一致。备注栏主要填写本行的操作必须在某步操作之后才能进行的那一步操作，否则将会酿成更大灾害。

卡片结构应急预案一般为 A4 纸的一半，或名片大小。卡片为硬质或塑封。

7.3　应急预案简化

2013 年开始，国家应急指挥中心在国内两家企业试点，推行应急预案优化工作。企业以往按照《生产经营单位生产安全事故应急预案编制导则》等相关标准和要求编制的应急预案，比较全面和系统，虽然得到了政府和上级部门的充分认可，也经受了实践的检验。但在实际应用中，存在过于繁琐、不够优化等问题，因此，两家企业在原有编制原则的基础上，通过大胆的尝试和突破，对生产安全应急预案进行了全面系统的优化，编制了一套简化版的应急预案及配套应急处置卡，基本做到了"简明、易记、科学、好用"。

新修订的应急预案具有以下特点：

坚持简明化　对公司和厂级预案分别进行了调整，将原总体预案与专项预案合并，主要工作流程尽量以图表形式表达，将编制依据、风险分析、信息公开、预案管理等内容指向相应的管理制度。预案文字描述大幅减少，公司级预案正文文字数量压缩 90%。

突出专业化　发动全员运用 HAZOP、JHA、SCL 等评价方法，开展专业化风险评估。采用 LEC 法确定危险源、高风险点的风险等级，有针对性地制定应急处置方案，做到"一处一案"，突出处置方案的个性特征。

推行卡片化　将应急预案重要信息设计成应急处置卡，"一人一卡"，随身携带。公司级、厂级应急处置卡以应急功能组的主要任务及联络方式为主，车间级应急处置卡主要体现应急处置步骤和工艺流程图、在事故应急状态下，人手一卡，起到很好的提示作用。

实现动态化　根据生产环境、工艺特点、设备设施运行年限等情况变化，以及在生产过程及演练过程中发现的新问题，及时开展风险再评估，动态地修订完善预案。

第8章 危险化学品使用单位职业卫生管理

据卫生部统计，我国存在职业有毒有害作业的企业 1600 万家，接触职业有毒有害因素约 2 亿人、从业人员 3000 万人。我国正处在职业病高发期和矛盾凸显期，尘肺、急性职业中毒等重点职业病发病居高不下。截至 2008 年年底，各地累计报告职业病 70 多万例，其中尘肺病累计发病近 64 万例。近几年，平均每年报告新发尘肺病 1 万例左右，同时尘肺病发病工龄明显缩短，急、慢性职业中毒呈上升趋势。在危险化学品的经营活动过程中，存在许多职业危害因素，它们可能影响或损害劳动者的健康，甚至危及生命。识别这些职业危害因素及其危害，制定和实施针对性的防治措施，才能防止职业病危害的侵袭，预防职业病发生。本章简要介绍职业危害因素和职业病防治基础知识，重点叙述危险化学品经营场所毒物的分类、毒性分级、中毒和综合防毒措施等内容。

8.1 职业危害防治概述

8.1.1 职业病危害因素

职业危害的防治首先需要识别职业危害因素并对其危害进行评价，然后制定和实施针对性预防和控制措施，以避免、减少职业疾病的发生。通常所说的职业病危害因素包括危险因素和有害因素，通常统称为危害因素。

（1）职业病危害因素的定义

职业病危害因素是指在生产、工作过程中，作业场所存在的各种有害的化学、物理、生物因素以及在作业过程中产生的其他危害劳动者健康，能导致职业病的有害因素。

危险因素：能对人造成伤亡或对物造成突发性损坏的因素称为危险因素（GB/T 15236—2008）。

有害因素：能影响人的身体健康，导致疾病或对物造成慢性损坏的因素（GB/T 15236—2008）。

（2）职业病危害因素来源

职业性危害因素来源大致有以下几个方面：

① 生产过程产生。与生产过程有关的职业性危害因素：包括随着生产工艺流程而使用或接触的原材料、中间产品、产品以及各种废弃物。如化学性因素主要是工业毒物、粉尘等；物理性因素主要是噪声、振动、高温、电离辐射及非电离辐射等；生物性因素主要是致病微生物、寄生虫和毒素等。

② 劳动过程产生。与劳动过程有关的职业性危害因素：与劳动强度有关的，如作业强度过大、超负荷作业等；与劳动制度有关的，如劳动组织不合理、作业时间过长等；与作业方式有关的，如长时间强迫体位、设备、工具与使用者不匹配等。

③ 生产环境产生。与作业环境有关的职业性危害因素：这类职业性危害因素主要是指作业场所一般环境条件如空间、温度、湿度、通风、照明等不符合要求；人机布局不合理、

防护和劳保设施缺陷等。

（3）职业危害因素的分类

① 按性质分类

化学性因素：工业毒物，如铅、苯、汞、锰、一氧化碳等；生产性粉尘，如矽尘、煤尘、石棉尘、有机性粉尘等。

物理性因素：异常气象条件，如高温、高湿、低温、高气压、低气压等；电离辐射，如X射线等；非电离辐射，如紫外线、红外线、高频电磁场、微波、激光等；噪声、超声、次声、振动等；设备、设施缺陷等。

生物性因素：细菌如皮毛畜产品中的炭疽杆菌、布鲁杆菌等；病毒如森林脑炎、流感病毒等；霉菌、有机粉尘中的真菌、真菌孢子等。

生理性因素：负荷超限；身体状况异常；职业禁忌症等。

其他因素：如行为因素等。

② 按《职业病危害因素分类目录》分类

粉尘类：如煤尘、矽尘、水泥尘、陶土尘、电焊烟尘等。

放射性物质类：如核素、X射线等。

化学物质类：如苯、酚、醛、硫化氢、氯气等。

物理因素：如高温、振动、噪音、辐射等。

生物因素：如炭疽杆菌、布氏杆菌、森林脑炎等。

导致职业性皮肤病的危害因素：如焦油、沥青、蒽油、汽油、润滑油等。

导致职业性眼病的危害因素：如硫酸、硝酸、盐酸、甲醛、酚等。

导致职业性耳、鼻、喉、口腔疾病的危害因素：如噪声、铬化合物、氟化氰等。

职业性肿瘤的职业病危害因素：如石棉、砷、联苯胺等。

其他职业病危害因素。

8.1.2 职业病

职业疾病是指由于职业危害因素直接或间接导致的人体伤害疾病的统称。它是企业、事业和个体经济组织（统称用人单位）的劳动者在职业活动中，因接触粉尘、放射性物质和其他有毒、有害物质等因素而引起的疾病。

（1）职业病相关概念

① 职业病危害：可能导致从事职业活动的劳动者罹患职业疾病的各种危害。

② 职业病危害事故：在职业活动中因职业病危害造成的急、慢性职业病及死亡的事件。

③ 职业相关疾病：由于职业性危害因素对人体的急性或慢性反复作用而导致人体损害的疾病。这些疾病或者完全是由职业性危害因素引起的或者是由于职业性危害因素诱发、加重的。

④ 职业性多发病：凡是职业性有害因素直接或间接的构成该病原因之一的非特异性常见疾病均称职业性多发病，也称工作相关多发病，如矿工消化不良、建筑工人腰背痛、各种职业综合症等。职业性因素不是它的唯一致病原因，它还与多种非职业性因素有关，并能使潜在疾病暴露或加重。改善环境工作条件可使疾病得到控制或缓解。

（2）职业病分类

依据职业病目录分为以下几类。

① 职业中毒：如苯、硫化氢、砷氢化物、氯气中毒等。

② 尘肺：如矽肺、水泥尘肺、陶土尘肺、石棉尘肺、电焊尘肺等。

③ 物理因素职业病：如中暑、减压病、手臂振动病等。

④ 放射性疾病：急性放射病、慢性放射病、放射性肿瘤等。

⑤ 职业性传染病：如炭疽杆菌病、布氏杆菌病、森林脑炎等。

⑥ 职业性皮肤病：如化学性皮肤灼伤、油彩皮炎、黑变病等。

⑦ 职业性眼病：如电光性眼炎、化学性眼部灼伤、职业性白内障等。

⑧ 职业性耳鼻喉病：如噪声聋、铬鼻病、牙酸蚀病等。

⑨ 职业性肿瘤：如苯所致白血病、石棉所致肺癌、间皮瘤等。

⑩ 其他职业病。

8.1.3 职业病防治

依据《中华人民共和国职业病防治法》，我国职业病防治工作坚持预防为主、防治结合的方针，建立用人单位负责、行政机关监管、行业自律、职工参与和社会监督的机制，实行分类管理、综合治理。职业病的防治实行三级防治原则，见表8-1。

表8-1 职业病三级防治对比表

预防级别	防治内容	防治对象	主要责任方
一级	职业病危害因素	所有接触员工	企业
二级	发现、诊断职业病人	疑似、早期职业病人	企业、医疗机构
三级	治疗、康复	职业病病人	医疗机构

《中华人民共和国职业病防治法》将职业病预防工作分为前期防治、中期防治（劳动过程中的防护）和后期防治（职业病管理）三个方面，对职业病的防治提出了原则性要求。

前期防治：识别和评价建设项目存在的职业病危害因素及其影响，通过申报、预评价、项目"三同时"和职业病危害控制效果评价等措施，提供符合国家标准的作业环境条件，从源头上进行控制，达到本质安全化。

中期防治：采取职业病防治管理措施包括定期监测和评价生产过程中的职业病危害因素，控制工作场所职业病危害影响；对劳动者进行职业健康监护、开展职业健康检查，及早发现职业性疾病损害；制定应急预案随时应对潜在的事故、紧急情况等，保护员工健康。

后期防治：及时发现、诊治职业病人，保护他们的合法权益，促进康复，减少残疾和后遗症、提高生活质量，使职业病危害造成的损失最小化。

8.2 建设项目职业病防护设施"三同时"

可能产生职业病危害的建设项目，是指存在或者产生职业病危害因素分类目录所列职业病危害因素的建设项目。

职业病防护设施，是指消除或者降低工作场所的职业病危害因素的浓度或者强度，预防和减少职业病危害因素对劳动者健康的损害或者影响，保护劳动者健康的设备、设施、装置、构（建）筑物等的总称。

8.2.1 建设项目职业卫生"三同时"监督管理暂行办法

《建设项目职业病防护设施"三同时"监督管理办法》（以下简称《办法》）于2017年1月

10 日国家安全生产监督管理总局第 1 次局长办公会议审议通过，自 2017 年 5 月 1 日起施行。2012 年 4 月 27 日国家安全生产监督管理总局公布的《建设项目职业卫生"三同时"监督管理暂行办法》同时废止。

按照中央关于全面深化改革、加快转变政府职能的决策部署，2016 年 7 月 2 日修改实施的《职业病防治法》取消了安全监管部门对建设项目职业病防护设施"三同时"行政审批事项，保留了建设单位履行建设项目职业病防护设施"三同时"的有关要求，同时规定安全监管部门加强监督检查，依法查处有关违法违规行为。为贯彻落实《职业病防治法》和国务院推进简政放权放管结合优化服务的改革要求，国家安全生产监督管理总局依法对《建设项目职业卫生"三同时"监督管理暂行办法》进行了修订。

本次修订的总体思路是围绕充分发挥"三同时"制度在建设项目职业病危害前期预防这一总体目标，细化建设单位主体责任和安全监管部门监督检查责任，重点规范职业病危害预评价、职业病防护设施设计、职业病危害控制效果评价及职业病防护设施验收工作要求，依照职业病防治法修改内容组织开展修订工作。

《办法》共 7 章 46 条，比原来增加了 1 章 7 条。主要修订内容有：

（1）修订规章名称。《建设项目职业卫生"三同时"监督管理暂行办法》实施 4 年多来，对规范建设项目职业病防护设施"三同时"工作起到了重要作用，通过本次修订着力解决简政放权、放管结合，有关条款内容已基本成熟，故将规章名称修改为《建设项目职业病防护设施"三同时"监督管理办法》。

（2）调整总体框架。按照建设项目职业病防护设施"三同时"工作的不同阶段，对建设单位开展建设项目职业病危害预评价、职业病防护设施设计、职业病危害控制效果评价以及职业病防护设施验收相关责任要求进行了细化，并增加"监督检查"一章，明确了安全监管部门在职责范围内实施重点监督检查的内容和相关要求。

（3）依法取消审批。删除了原《办法》中有关建设项目职业病危害预评价报告审核（备案）、严重职业病危害的建设项目防护设施设计审查、建设项目职业病防护设施竣工验收（备案）等涉及行政审批的内容。

（4）明确主体责任。考虑到建设项目职业病防护设施"三同时"工作的专业性、技术性强，《办法》明确了建设单位负责人组织职业卫生专业技术人员开展有关评价报告和职业病防护设施设计评审，向安全监管部门报送验收方案，形成书面报告等责任，并要求通过公告栏、网络等方式公布有关工作信息，接受劳动者和安全监管部门的监督。

（5）加强监管执法。《办法》要求地方各级安全监管部门将职责范围内的建设项目职业病防护设施"三同时"监督检查纳入年度安全生产监督检查计划并组织实施，同时增加了安全监管部门执法人员的禁止行为规定，以及违法行为举报的受理、核查、处理等相关要求。

（6）严格验收核查。根据《职业病防治法》新增加"安全监管部门应当加强对建设单位组织的验收活动和验收结果的监督核查"的要求。《办法》明确了安全监管部门以验收工作为重点，对职业病危害严重建设项目的职业病防护设施的验收方案和书面报告全部进行监督核查，对职业病危害较重和一般建设项目的职业病防护设施验收方案和书面报告，按照国家安全生产监督管理总局规定的"双随机"方式实施抽查。

8.2.2 建设项目职业病防护设施"三同时"

建设项目投资、管理的单位（以下简称建设单位）是建设项目职业病防护设施建设的责任主体。建设项目职业病防护设施必须与主体工程同时设计、同时施工、同时投入生产和使用(以下统称建设项目职业病防护设施"三同时")。建设单位应当优先采用有利于保护劳动者健康的新技术、新工艺、新设备和新材料,职业病防护设施所需费用应当纳入建设项目工程预算。

建设单位对可能产生职业病危害的建设项目,应当进行职业病危害预评价、职业病防护设施设计、职业病危害控制效果评价及相应的评审,组织职业病防护设施验收,建立健全建设项目职业卫生管理制度与档案。建设项目职业病防护设施"三同时"工作可以与安全设施"三同时"工作一并进行。建设单位可以将建设项目职业病危害预评价和安全预评价、职业病防护设施设计和安全设施设计、职业病危害控制效果评价和安全验收评价合并出具报告或者设计,并对职业病防护设施与安全设施一并组织验收。

国家安全生产监督管理总局在国务院规定的职责范围内对全国建设项目职业病防护设施"三同时"实施监督管理。县级以上地方各级人民政府安全生产监督管理部门依法在本级人民政府规定的职责范围内对本行政区域内的建设项目职业病防护设施"三同时"实施分类分级监督管理,具体办法由省级安全生产监督管理部门制定,并报国家安全生产监督管理总局备案。跨两个及两个以上行政区域的建设项目职业病防护设施"三同时"由其共同的上一级人民政府安全生产监督管理部门实施监督管理。上一级人民政府安全生产监督管理部门根据工作需要,可以将其负责的建设项目职业病防护设施"三同时"监督管理工作委托下一级人民政府安全生产监督管理部门实施;接受委托的安全生产监督管理部门不得再委托。

国家根据建设项目可能产生职业病危害的风险程度,将建设项目分为职业病危害一般、较重和严重3个类别,并对职业病危害严重建设项目实施重点监督检查。建设项目职业病危害分类管理目录由国家安全生产监督管理总局制定并公布。省级安全生产监督管理部门可以根据本地区实际情况,对建设项目职业病危害分类管理目录作出补充规定,但不得低于国家安全生产监督管理总局规定的管理层级。

安全生产监督管理部门应当建立职业卫生专家库(以下简称专家库),并根据需要聘请专家库专家参与建设项目职业病防护设施"三同时"的监督检查工作。专家库专家应当熟悉职业病危害防治有关法律、法规、规章、标准,具有较高的专业技术水平、实践经验和有关业务背景及良好的职业道德,按照客观、公正的原则,对所参与的工作提出技术意见,并对该意见负责。专家库专家实行回避制度,参加监督检查的专家库专家不得参与该建设项目职业病防护设施"三同时"的评审及验收等相应工作,不得与该建设项目建设单位、评价单位、设计单位、施工单位或者监理单位等相关单位存在直接利害关系。

产生职业病危害的建设单位应当通过公告栏、网站等方式及时公布建设项目职业病危害预评价、职业病防护设施设计、职业病危害控制效果评价的承担单位、评价结论、评审时间及评审意见,以及职业病防护设施验收时间、验收方案和验收意见等信息,供本单位劳动者和安全生产监督管理部门查询。

8.3　职业病危害预评价

对可能产生职业病危害的建设项目,建设单位应当在建设项目可行性论证阶段进行职业病危害预评价,编制预评价报告。建设项目职业病危害预评价报告应当符合职业病防治有关法律、法规、规章和标准的要求,并包括下列主要内容:

① 建设项目概况，主要包括项目名称、建设地点、建设内容、工作制度、岗位设置及人员数量等；

② 建设项目可能产生的职业病危害因素及其对工作场所、劳动者健康影响与危害程度的分析与评价；

③ 对建设项目拟采取的职业病防护设施和防护措施进行分析、评价，并提出对策与建议；

④ 评价结论，明确建设项目的职业病危害风险类别及拟采取的职业病防护设施和防护措施是否符合职业病防治有关法律、法规、规章和标准的要求。

建设单位进行职业病危害预评价时，对建设项目可能产生的职业病危害因素及其对工作场所、劳动者健康影响与危害程度的分析与评价，可以运用工程分析、类比调查等方法。其中，类比调查数据应当采用获得资质认可的职业卫生技术服务机构出具的、与建设项目规模和工艺类似的用人单位职业病危害因素检测结果。

职业病危害预评价报告编制完成后，属于职业病危害一般或者较重的建设项目，其建设单位主要负责人或其指定的负责人应当组织具有职业卫生相关专业背景的中级及中级以上专业技术职称人员或者具有职业卫生相关专业背景的注册安全工程师（以下统称职业卫生专业技术人员）对职业病危害预评价报告进行评审，并形成是否符合职业病防治有关法律、法规、规章和标准要求的评审意见；属于职业病危害严重的建设项目，其建设单位主要负责人或其指定的负责人应当组织外单位职业卫生专业技术人员参加评审工作，并形成评审意见。

建设单位应当按照评审意见对职业病危害预评价报告进行修改完善，并对最终的职业病危害预评价报告的真实性、客观性和合规性负责。职业病危害预评价工作过程应当形成书面报告备查。书面报告的具体格式由国家安全生产监督管理总局另行制定。

建设项目职业病危害预评价报告有下列情形之一的，建设单位不得通过评审：

① 对建设项目可能产生的职业病危害因素识别不全，未对工作场所职业病危害对劳动者健康影响与危害程度进行分析与评价的，或者评价不符合要求的；

② 未对建设项目拟采取的职业病防护设施和防护措施进行分析、评价，对存在的问题未提出对策措施的；

③ 建设项目职业病危害风险分析与评价不正确的；

④ 评价结论和对策措施不正确的；

⑤ 不符合职业病防治有关法律、法规、规章和标准规定的其他情形的。

建设项目职业病危害预评价报告通过评审后，建设项目的生产规模、工艺等发生变更导致职业病危害风险发生重大变化的，建设单位应当对变更内容重新进行职业病危害预评价和评审。

8.4　职业病防护设施设计

存在职业病危害的建设项目，建设单位应当在施工前按照职业病防治有关法律、法规、规章和标准的要求，进行职业病防护设施设计。建设项目职业病防护设施设计应当包括下列内容：

① 设计依据；

② 建设项目概况及工程分析；

③ 职业病危害因素分析及危害程度预测；

④ 拟采取的职业病防护设施和应急救援设施的名称、规格、型号、数量、分布，并对防控性能进行分析；

⑤ 辅助用室及卫生设施的设置情况；

⑥ 对预评价报告中拟采取的职业病防护设施、防护措施及对策措施采纳情况的说明；

⑦ 职业病防护设施和应急救援设施投资预算明细表；

⑧ 职业病防护设施和应急救援设施可以达到的预期效果及评价。

职业病防护设施设计完成后，属于职业病危害一般或者较重的建设项目，其建设单位主要负责人或其指定的负责人应当组织职业卫生专业技术人员对职业病防护设施设计进行评审，并形成是否符合职业病防治有关法律、法规、规章和标准要求的评审意见；属于职业病危害严重的建设项目，其建设单位主要负责人或其指定的负责人应当组织外单位职业卫生专业技术人员参加评审工作，并形成评审意见。建设单位应当按照评审意见对职业病防护设施设计进行修改完善，并对最终的职业病防护设施设计的真实性、客观性和合规性负责。职业病防护设施设计工作过程应当形成书面报告备查。书面报告的具体格式由国家安全生产监督管理总局另行制定。

建设项目职业病防护设施设计有下列情形之一的，建设单位不得通过评审和开工建设：

① 未对建设项目主要职业病危害进行防护设施设计或者设计内容不全的；

② 职业病防护设施设计未按照评审意见进行修改完善的；

③ 未采纳职业病危害预评价报告中的对策措施，且未作充分论证说明的；

④ 未对职业病防护设施和应急救援设施的预期效果进行评价的；

⑤ 不符合职业病防治有关法律、法规、规章和标准规定的其他情形的。

建设单位应当按照评审通过的设计和有关规定组织职业病防护设施的采购和施工。建设项目职业病防护设施设计在完成评审后，建设项目的生产规模、工艺等发生变更导致职业病危害风险发生重大变化的，建设单位应当对变更的内容重新进行职业病防护设施设计和评审。

8.5　职业病危害控制效果评价与防护设施验收

建设项目职业病防护设施建设期间，建设单位应当对其进行经常性的检查，对发现的问题及时进行整改。治有关法律、法规、规章和标准要求，采取下列职业病危害防治管理措施：

① 设置或者指定职业卫生管理机构，配备专职或者兼职的职业卫生管理人员；

② 制定职业病防治计划和实施方案；

③ 建立、健全职业卫生管理制度和操作规程；

④ 建立、健全职业卫生档案和劳动者健康监护档案；

⑤ 实施由专人负责的职业病危害因素日常监测，并确保监测系统处于正常运行状态；

⑥ 对工作场所进行职业病危害因素检测、评价；

⑦ 建设单位的主要负责人和职业卫生管理人员应当接受职业卫生培训，并组织劳动者进行上岗前的职业卫生培训；

⑧ 按照规定组织从事接触职业病危害作业的劳动者进行上岗前职业健康检查，并将检

查结果书面告知劳动者；

⑨ 在醒目位置设置公告栏，公布有关职业病危害防治的规章制度、操作规程、职业病危害事故应急救援措施和工作场所职业病危害因素检测结果，对产生严重职业病危害的作业岗位，应当在其醒目位置，设置警示标识和中文警示说明；

⑩ 为劳动者个人提供符合要求的职业病防护用品；

⑪ 建立、健全职业病危害事故应急救援预案；

⑫ 职业病防治有关法律、法规、规章和标准要求的其他管理措施。

建设项目完工后，需要进行试运行的，其配套建设的职业病防护设施必须与主体工程同时投入试运行。试运行时间应当不少于 30 日，最长不得超过 180 日，国家有关部门另有规定或者特殊要求的行业除外。

建设项目在竣工验收前或者试运行期间，建设单位应当进行职业病危害控制效果评价，编制评价报告。建设项目职业病危害控制效果评价报告应当符合职业病防治有关法律、法规、规章和标准的要求，包括下列主要内容：

① 建设项目概况；

② 职业病防护设施设计执行情况分析、评价；

③ 职业病防护设施检测和运行情况分析、评价；

④ 工作场所职业病危害因素检测分析、评价；

⑤ 工作场所职业病危害因素日常监测情况分析、评价；

⑥ 职业病危害因素对劳动者健康危害程度分析、评价；

⑦ 职业病危害防治管理措施分析、评价；

⑧ 职业健康监护状况分析、评价；

⑨ 职业病危害事故应急救援和控制措施分析、评价；

⑩ 正常生产后建设项目职业病防治效果预期分析、评价；

⑪ 职业病危害防护补充措施及建议；

⑫ 评价结论，明确建设项目的职业病危害风险类别，以及采取控制效果评价报告所提对策建议后，职业病防护设施和防护措施是否符合职业病防治有关法律、法规、规章和标准的要求。

建设单位在职业病防护设施验收前，应当编制验收方案。验收方案应当包括下列内容：

① 建设项目概况和风险类别，以及职业病危害预评价、职业病防护设施设计执行情况；

② 参与验收的人员及其工作内容、责任；

③ 验收工作时间安排、程序等。

建设单位应当在职业病防护设施验收前 20 日将验收方案向管辖该建设项目的安全生产监督管理部门进行书面报告。

属于职业病危害一般或者较重的建设项目，其建设单位主要负责人或其指定的负责人应当组织职业卫生专业技术人员对职业病危害控制效果评价报告进行评审以及对职业病防护设施进行验收，并形成是否符合职业病防治有关法律、法规、规章和标准要求的评审意见和验收意见。属于职业病危害严重的建设项目，其建设单位主要负责人或其指定的负责人应当组织外单位职业卫生专业技术人员参加评审和验收工作，并形成评审和验收意见。

建设单位应当按照评审与验收意见对职业病危害控制效果评价报告和职业病防护设施进行整改完善，并对最终的职业病危害控制效果评价报告和职业病防护设施验收结果的真实性、合规性和有效性负责。应当将职业病危害控制效果评价和职业病防护设施验收工作过程形成书面报告备查，其中职业病危害严重的建设项目应当在验收完成之日起 20 日内向管辖该建设项目的安全生产监督管理部门提交书面报告。书面报告的具体格式由国家安全生产监督管理总局另行制定。

建设项目职业病危害控制效果评价报告不得通过评审、职业病防护设施不得通过验收：

① 评价报告内容不符合《办法》第二十四条要求的；

② 评价报告未按照评审意见整改的；

③ 未按照建设项目职业病防护设施设计组织施工，且未充分论证说明的；

④ 职业病危害防治管理措施不符合相关要求的；

⑤ 职业病防护设施未按照验收意见整改的；

⑥ 不符合职业病防治有关法律、法规、规章和标准规定的其他情形的。

分期建设、分期投入生产或者使用的建设项目，其配套的职业病防护设施应当分期与建设项目同步进行验收。

建设项目职业病防护设施未按照规定验收合格的，不得投入生产或者使用。

8.6　建设项目职业病防护设施监督检查

安全生产监督管理部门应当在职责范围内按照分类分级监管的原则，将建设单位开展建设项目职业病防护设施"三同时"情况的监督检查纳入安全生产年度监督检查计划，并按照监督检查计划与安全设施"三同时"实施一体化监督检查，对发现的违法行为应当依法予以处理；对违法行为情节严重的，应当按照规定纳入安全生产不良记录"黑名单"管理。

安全生产监督管理部门应当依法对建设单位开展建设项目职业病危害预评价情况进行监督检查，重点监督检查下列事项：

① 是否进行建设项目职业病危害预评价；

② 是否对建设项目可能产生的职业病危害因素及其对工作场所、劳动者健康影响与危害程度进行分析、评价；

③ 是否对建设项目拟采取的职业病防护设施和防护措施进行评价，是否提出对策与建议；

④ 是否明确建设项目职业病危害风险类别；

⑤ 主要负责人或其指定的负责人是否组织职业卫生专业技术人员对职业病危害预评价报告进行评审，职业病危害预评价报告是否按照评审意见进行修改完善；

⑥ 职业病危害预评价工作过程是否形成书面报告备查；

⑦ 是否按照《办法》规定公布建设项目职业病危害预评价情况；

⑧ 依法应当监督检查的其他事项。

安全生产监督管理部门应当依法对建设单位开展建设项目职业病防护设施设计情况进行监督检查，重点监督检查下列事项：

① 是否进行职业病防护设施设计；

② 是否采纳职业病危害预评价报告中的对策与建议，如未采纳是否进行充分论证说明；

③ 是否明确职业病防护设施和应急救援设施的名称、规格、型号、数量、分布，并对防控性能进行分析；

④ 是否明确辅助用室及卫生设施的设置情况；

⑤ 是否明确职业病防护设施和应急救援设施投资预算；

⑥ 主要负责人或其指定的负责人是否组织职业卫生专业技术人员对职业病防护设施设计进行评审，职业病防护设施设计是否按照评审意见进行修改完善；

⑦ 职业病防护设施设计工作过程是否形成书面报告备查；

⑧ 是否按照《办法》规定公布建设项目职业病防护设施设计情况；

⑨ 依法应当监督检查的其他事项。

安全生产监督管理部门应当依法对建设单位开展建设项目职业病危害控制效果评价及职业病防护设施验收情况进行监督检查，重点监督检查下列事项：

① 是否进行职业病危害控制效果评价及职业病防护设施验收；

② 职业病危害防治管理措施是否齐全；

③ 主要负责人或其指定的负责人是否组织职业卫生专业技术人员对建设项目职业病危害控制效果评价报告进行评审和对职业病防护设施进行验收，是否按照评审意见和验收意见对职业病危害控制效果评价报告和职业病防护设施进行整改完善；

④ 建设项目职业病危害控制效果评价及职业病防护设施验收工作过程是否形成书面报告备查；

⑤ 建设项目职业病防护设施验收方案、职业病危害严重建设项目职业病危害控制效果评价与职业病防护设施验收工作报告是否按照规定向安全生产监督管理部门进行报告；

⑥ 是否按照《办法》规定公布建设项目职业病危害控制效果评价和职业病防护设施验收情况；

⑦ 依法应当监督检查的其他事项。

安全生产监督管理部门应当按照下列规定对建设单位组织的验收活动和验收结果进行监督核查，并纳入安全生产年度监督检查计划：

① 对职业病危害严重建设项目的职业病防护设施的验收方案和验收工作报告，全部进行监督核查；

② 对职业病危害较重和一般的建设项目职业病防护设施的验收方案和验收工作报告，按照国家安全生产监督管理总局规定的"双随机"方式实施抽查。

安全生产监督管理部门应当加强监督检查人员建设项目职业病防护设施"三同时"知识的培训，提高业务素质。安全生产监督管理部门及其工作人员不得有下列行为：

① 强制要求建设单位接受指定的机构、职业卫生专业技术人员开展建设项目职业病防护设施"三同时"有关工作；

② 以任何理由或者方式向建设单位和有关机构收取或者变相收取费用；

③ 向建设单位摊派财物、推销产品；

④ 在建设单位和有关机构报销任何费用。

任何单位或者个人发现建设单位、安全生产监督管理部门及其工作人员、有关机构和人员违反职业病防治有关法律、法规、标准和《办法》规定的行为，均有权向安全生产监督管理部门或者有关部门举报。受理举报的安全生产监督管理部门应当为举报人保密，并依法对举报内容进行核查和处理。

上级安全生产监督管理部门应当加强对下级安全生产监督管理部门建设项目职业病防护设施"三同时"监督执法工作的检查、指导。地方各级安全生产监督管理部门应当定期汇总分析有关监督执法情况，并按照要求逐级上报。

8.7　建设单位法律责任

建设单位有下列行为之一的，由安全生产监督管理部门给予警告，责令限期改正；逾期不改正的，处 10 万元以上 50 万元以下的罚款；情节严重的，责令停止产生职业病危害的作业，或者提请有关人民政府按照国务院规定的权限责令停建、关闭：

① 未按照《办法》规定进行职业病危害预评价的；

② 建设项目的职业病防护设施未按照规定与主体工程同时设计、同时施工、同时投入生产和使用的；

③ 建设项目的职业病防护设施设计不符合国家职业卫生标准和卫生要求的；

④ 未按照《办法》规定对职业病防护设施进行职业病危害控制效果评价的；

⑤ 建设项目竣工投入生产和使用前，职业病防护设施未按照《办法》规定验收合格的。

建设单位有下列行为之一的，由安全生产监督管理部门给予警告，责令限期改正；逾期不改正的，处 5000 元以上 3 万元以下的罚款：

① 未按照《办法》规定，对职业病危害预评价报告、职业病防护设施设计、职业病危害控制效果评价报告进行评审或者组织职业病防护设施验收的；

② 职业病危害预评价、职业病防护设施设计、职业病危害控制效果评价或者职业病防护设施验收工作过程未形成书面报告备查的；

③ 建设项目的生产规模、工艺等发生变更导致职业病危害风险发生重大变化的，建设单位对变更内容未重新进行职业病危害预评价和评审，或者未重新进行职业病防护设施设计和评审的；

④ 需要试运行的职业病防护设施未与主体工程同时试运行的；

⑤ 建设单位未按照《办法》第八条规定公布有关信息的。

建设单位在职业病危害预评价报告、职业病防护设施设计、职业病危害控制效果评价报告编制、评审以及职业病防护设施验收等过程中弄虚作假的，由安全生产监督管理部门责令限期改正，给予警告，可以并处 5000 元以上 3 万元以下的罚款。未按照规定及时、如实报告建设项目职业病防护设施验收方案，或者职业病危害严重建设项目未提交职业病危害控制效果评价与职业病防护设施验收的书面报告的，由安全生产监督管理部门责令限期改正，给予警告，可以并处 5000 元以上 3 万元以下的罚款。

参与建设项目职业病防护设施"三同时"监督检查工作的专家库专家违反职业道德或者行为规范，降低标准、弄虚作假、牟取私利，作出显失公正或者虚假意见的，由安全生产监督管理部门将其从专家库除名，终身不得再担任专家库专家。职业卫生专业技术人员在建设项目职业病防护设施"三同时"评审、验收等活动中涉嫌犯罪的，移送司法机关依法追究刑事责任。

8.8　工作场所毒物及其危害

毒物指有毒的物质。广义讲，任何物质都具有一定毒性，只要在特定条件下且数量足够多时，都对人体有危害。这里所说的毒物是指在一定条件下，较小剂量即可破坏生物体正常生理机能，造成某些暂时性或永久性病变、导致疾病甚至死亡的化学物质。危险化学品里许多品种都具有毒性，甚至是剧毒物质。有毒作业场所存在着中毒的高风险，向来是危险化学品生产行业职业健康管理的重点。

8.8.1　有毒、有害物质的概念、来源及分类

（1）有毒、有害物质的概念

当某些物质进入人的机体并积累到一定量后，就会与体液或组织发生生物化学作用或生物物理变化，扰乱或破坏机体的正常生理机能，使某些器官和组织发生暂时性或长久性病变，甚至危及生命，人们称该物质为有毒品。由这些毒品侵入人体而导致的病理状态称为中毒。这类物质称为毒害物品。当物品中含有致病的微生物，能引发病态甚至死亡的物质，称为感染性物品。

有害物质：化学的、物理的、生物的等能危害职工健康的所有物质的总称。

有毒物质：作用于生物体，能使肌体发生暂时或永久性病变，导致疾病甚至死亡的物质。

生产性毒物：生产性毒物指在生产中使用和产生的、并在作业时以较少的量经呼吸道、皮肤、口腔进入人体，与人体发生化学作用，而对健康产生危害的物质。

毒物源：指工作场所中所有散发有毒有害物质的源头。

有毒作业：职工在存在生产性毒物的工作地点从事生产和劳动的作业。

（2）工作场所毒物来源

有毒商品：经营单位采购、销售的危险化学品商品中许多品种具有毒性，这是经营工作场所毒物的主要来源。

危险化学品发生反应产生：某些化学品本身并无毒性，但在遇光、热、水、燃烧发生化学反应，或性质相抵触的化学品由于运输、包装时混合而发生化学反应，生成新的有毒物质。

意外释放：由于储存、运输、操作过程有毒化学品的包装、容器、管道等破损导致有毒物质意外泄漏。

废弃物：各种废弃物包括废气、废液、固体废渣等含有毒物质，若未经过无害化处理便丢弃和转移，可导致有毒物质的散发。

（3）工业毒物分类

毒物的分类方法很多，如按毒物来源、性质、存在的相态、侵入人体途径、毒性程度、毒物作用的靶器官和靶系统等分类，这里简要介绍几种分类的方法。

按相态分类：①固体类毒物。包括金属和非金属固体，如铅、铊、砷等。②气体类毒物。以气体的形式散发在作业的场所中，包括窒息性气体和刺激性气体，如氯气、氨气、硫化氢、一氧化碳等。③液体类毒物。如强酸、强碱、有机化合物苯、醛、酚等。④其他。以粉尘、烟雾、蒸气等形式存在的毒物如汞蒸气、电焊烟、漆雾等，悬浮于空气中的粉尘、烟和雾等微粒，统称为气溶胶。

按危害程度度分类：①Ⅰ——极度危害。剧毒类物质，毒性极大，小量进入人体即可致命，如氰化物、砷黄磷等。②Ⅱ——高度危害。高毒类物质，毒性较大，如铅、甲醛等。③Ⅲ——中度危害。中等毒类物质，毒性较小，如甲醇、硝酸、汽油等。④Ⅳ——轻度危害。低毒类物质，有轻微的毒性。

按毒害特性分类：①急性毒性；②皮肤腐蚀/刺激。；③严重眼睛损伤/眼睛刺激性；④呼吸或皮肤过敏；⑤生殖细胞突变性；⑥致癌性；⑦特异性靶器官系统特性（一次接触）；⑧特异性靶器官系统特性（反复接触）。

8.8.2 毒性

（1）毒性及其分级

毒性是指某种物质接触人体表面或侵入人体特定部位后产生伤害的能力。

毒性强度判别标准：有毒品的剂量与生理反应之间的关系，用"毒性"来表示。毒性一般以毒物能引起实验动物某种毒性反应所需的剂量表示。通用的毒性反应是由动物实验测定的。根据实验动物的死亡数与剂量或浓度对应值来作为评价指标。

毒性强度分级：在各种评价指标中，常用半数致死量来衡量有毒品的毒性大小。

（2）最高容许浓度或阈限

职业接触限值（OELs）：职业性有害因素的接触限制量值指劳动者在职业活动过程中长期反复接触，对绝大多数接触者的健康不引起有害作用的容许接触水平。化学有害因素的职业接触限值包括时间加权平均容许浓度、短时间接触容许浓度和高容许浓度三类。

高容许浓度（MAC）：在工作地点、一个工作日内，任何有毒化学物质均不应超过的浓度。

时间加权平均容许浓度（PC-TWA）：以时间为权数规定的 8h 工作日、40h 工作周的平均容许接触浓度。即每周作业 40h 加权平均容许浓度。在此浓度下几乎所有作业人员不会产生损害效应。

短时间接触容许浓度（PC-STEL）：在遵守 PC-TWA 前提下容许短时间（15min）接触的浓度。

部分毒物阈限值可根据《工作场所有害因素职业接触限值第 1 部分：化学有害因素》列出的 339 种工作场所空气中化学物质容许浓度查询。

8.8.3 综合防毒措施

国家发布的《危险化学品管理条例》《工作场所防止职业中毒卫生工程防护措施规范》《危险化学品的运输包装通用技术条件》《危险化学品的储存通则》和《危险化学品经营单位开业条件和技术要求》等法规和标准，规定了工作场所综合防毒措施的原则和要求。

（1）控制毒物源措施

目的是控制毒物源头，减少毒物来源。常用的措施有：

① 经营无毒、低毒商品在同类商品中尽可能选择无毒、低毒的商品经营。必须经营的高毒化学品应加快周转、减少库存、避免积压，控制工作场所毒物的存量。

② 防止无毒物品受热、潮湿产生毒物某些无毒物质在受热、受潮湿、遇火可发生变性而形成有毒物质或产生毒性更强的物质，因此在经营、运输、储存和操作的各个环节应严加防范。

③ 防止货物混装、混存产生毒物性质相抵触的物质混合或邻近储存时，可能发生变性产生毒物或使原有毒性增强，在运输、储存、分装等操作时应加以注意，将它们隔离。

④ 禁止违法经营有毒产品不得经营、进口和使用国家明令禁止使用的有毒产品包括原材料。

⑤ 妥善处置有毒废弃物。

有毒商品及其包装废弃物，不论是废气、废液还是废渣都应严格按照无毒化处理，不应随便丢弃或卖给无处理资质的废品收购站、避免残留毒物泄漏。

（2）控制泄漏措施

密封包装：采用封闭的包装如包装袋、容器、管道将有毒产品密封，防止挥发和释放。

严密储存：有毒物品应贮存在阴凉、通风、干燥的场所，不可露天存放，不应接近酸、碱类物质或热源。经营的有毒物品应专库储存或存放在彼此间隔的单间内。

防止包装、容器破损：包装或储存有毒产品的包装袋、容器、管道应经常检查，操作时应倍加小心，防止发生破损而导致有毒物质的释漏。

防止运输泄漏：由于毒物的运输事故造成毒物的泄漏，屡有发生且导致严重后果，应严格遵守《危险化学品管理条例》和《危险货物的运输包装通用技术条件》等规定，预防运输事故的发生。

（3）降低毒物浓度措施

目的是排放毒物、增加新鲜空气，降低场所空气中毒物的浓度。常用的措施有：

① 密闭–排毒系统装置。由密闭罩、通风管、净化装置和通风机构成，可将有毒气体封闭收集，经净化后排放，有效降低作业场所空气中毒物的含量。

② 通风排气装置。在有毒气体释放的重点设备、部位设置排气罩，是控制毒源、防止毒物扩散的局部技术装置，装置包括密闭罩、开口罩、通风橱等。剧毒物品的场所还应安装普通的机械通风排毒设备，尽量降低空气中毒物的浓度。

③ 排放气体净化。废气的无害化排放，是企业必须履行的环保义务，也是防毒的主要措施。根据有毒物质的特性和生产工艺的不同，采用相应的有害气体的净化设施和方法，如洗涤法、吸附法、过滤法、静电法、燃烧法和高空排放法等达到无毒排放。

④ 隔离措施。将有毒作业场所与无毒作业场所、休息场所隔开，使作业人员与有毒环境隔离，避免直接接触到毒物。

（4）检测和报警

目的是及时发现异常和紧急情况，以便立即采取应对措施，避免造成重大的损失。常用的措施有：

① 安全监视。设置专兼职监督人员，定期或随时检查和监督有毒产品储存包装、管道、容器以及人员的操作行为，及时发现和排除各类隐患。

② 检测。定期检测工作场所有毒物质的浓度，以便量化、准确判断作业现场安全状态、及时发现异常迹象。

依据检测目的的不同，检测的类型有以下几种：

a. 评价监测。适用于建设项目职业病危害因素预评价、职业病危害因素控制效果评价和职业病危害因素现状评价等。

b. 日常监测。适用于对工作场所空气中有害物质浓度日常的定期监测。

c. 监督监测。适用于职业卫生监督部门对用人单位进行指导监督时，对工作场所空气中有害物质浓度进行的监测。

d. 事故性监测。适用于对工作场所发生职业危害事故时，进行的紧急采样监测。根据现场情况确定采样点。监测至空气中有害物质浓度低于短时间接触容许浓度或高容许浓度为止。

检测方法通常采用气体检测仪采样检测。由专业人员按按《工作场所空气中有害物质监测的采样规范》和《工作场所空气有毒物质测定》要求采样检测和评价，至少每年夏、冬各检测一次。企业可采用相应的检测仪表指定专人进行日常监测、记录并建立检测档案。作业场所检测设备种类繁多。

③ 报警装置。应考虑到由于设备意外故障或事故等原因可能导致毒物突发大量释放，在可能发生的部位安装单个探测警报仪，也可以安装探测警报系统同时监测多个部位，一旦出现毒物浓度超标便可立即报警。

（5）防毒标识

防毒标识有禁止标识、警告标识、指令标识和提示标识等类型。其作用是在有毒场所设置警示标识，通过醒目并易于理解的标识，将有毒与无毒场所分开，防止无关人员靠近、误入，提醒操作人员随时注意防毒和使用劳保用品。

① 储存场所标识

储存有毒化学危险品场所应设置明显的防毒标识，标识应符合《危险货物包装标志》的规定。同一区域储存两种或两种以上不同级别的毒物时，应按高等级毒物的性能设标志。

② 运输防毒标识

按《危险化学品管理条例》的规定运输有毒危险化学品车辆设置"有毒"或"剧毒"等标志，提醒行人不可靠近、停留，其他车辆司机注意回避、防止发生交通事故。

③ 工作场所防毒标识

在有毒物品的工作场所的人口处的显著位置，根据需要设置"当心中毒"或者"当心有毒气体"等警告标识，"戴防毒面具""穿防护服""注意通风"等指令标识和"紧急出口""救援电话"等提示标识。

④ 告知卡

依据《高毒物品目录》和《高毒物品作业岗位职业病危害告知规范》，在使用高毒物品作业岗位醒目位置设置《告知卡》，告知毒物名称、理化特性、健康危害、应急处理、警示标志、防护要求和应急电话等内容。

（6）个体防护措施

① 从业人员基本要求

经过培训考核合格、持证上岗；接触毒害品人员应具备防毒意识、知识和技能；应急避难、逃生、急救基本技能。

② 操作要求

在有毒作业场所操作应注意：遵守操作规程，防止操作失误导致毒物的泄漏；作业中不得饮食，不得用手擦嘴、脸、眼睛；每次作业完毕，应及时用肥皂（或专用洗涤剂）洗净面部、手部，用清水漱口，需要时洗浴；防护用具应及时清洗，集中存放，禁止带出作业场所。

③ 劳动防护用品

作业人员应按要求正确使用劳动保护用品。主要考虑对皮肤和呼吸的防护。防毒劳动防护用品大致有以下几种：

防护服：防酸碱对皮肤的损伤，常用耐酸碱性能好的布料制作，如丙纶、绦纶或氯纶布料；防止有毒物质经皮肤进入人体的防护服，常采用对所防有毒物质不渗透或渗透率较小的聚合物，涂于布料上制成。

防护眼镜：防护眼镜要充分透明，不影响视力。防毒型眼镜，多为密闭式，镜框周边嵌有软垫以便与眼周皮肤紧密接触，为避免镜片模糊，框边上留有换气小孔。

防护面具：包括透风面盔和口罩等。防御固体碎屑及有毒液体的面罩，要求面罩完全包覆面部。

呼吸防护器：呼吸防护器是防止有毒物质从呼吸道进入人体引起职业中毒的有效措施。呼吸防护器有过滤式(空气净化式)和隔离式(供气式)两种主要类型。

过滤式呼吸器：把吸入的环境空气，通过净化部件的吸附、吸收、催化或过滤等作用，除去其中有毒物质后作为气源供使用者呼吸用，主要有过滤式防毒面具和过滤式防毒口罩。前者由面罩、吸气管和滤毒瓶罐组成，适用范围大。后者由于滤毒盒容量小，一般用于低浓度有毒物质场所的临时短期使用。

隔离式呼吸器：将使用者呼吸器官系统与有毒空气环境隔绝，靠本身携带的气源(如气瓶等)或导气管引入作业环境以外的洁净空气供呼吸。

(7) 应急预案

任何防毒措施都有可能失效或突发紧急情况。有毒场所特别是高毒场所应计对可能出现的事故或紧急情况制定应急预案，配备必要的应急物资器材，并组织员工学习、演练，一旦发生事故或紧急情况，可以进行有组织的应对救援、大限度地减少损失。

8.8.4　职业中毒与急救

(1) 中毒途径

有毒品侵入人体的途径有三种，即呼吸道、皮肤和消化道。在生产过程中，有毒品主要的是通过呼吸道侵入，其次是皮肤，而经消化道侵入的较少。当生产中发生意外事故时，可能有毒品直接冲入口腔而引起中毒的事件发生。而日常生活中，中毒事故主要是以消化道入侵为主。

① 经呼吸道侵入

人的呼吸道可分为导气管和呼吸单位两大部分。导气管包括鼻腔、口腔前庭、咽、喉、气管、主支气管、支气管、细支气管和终末气管。呼吸单位包括呼吸细支气管、终末呼吸细支气管、肺泡小管和肺泡。由于从鼻腔到肺泡，整个呼吸道各部分结构的不同，对毒害物质的吸收也不同，进入越深，表面积越大，停留时间越长，吸收量越大。此外，吸收量的大小，对于固体有毒物质，与其粒径、溶解度大小有关。对于气体有毒物质，与肺泡壁两侧有毒气体的分压大小及呼吸深度、速度、循环速度等有关。肺泡内由二氧化碳形成的碳酸润湿肺泡壁，对增加某些物质的溶解度起一定的作用，从而促进有毒品的吸收。另外，由呼吸道吸入的有毒物质被肺泡吸收后，不经过肝脏解毒而直接进入血液循环系统，分布到全身，所以毒害较为严重。

② 经皮肤侵入

有些有毒品可透过无损表皮、毛囊、汗腺导管等途径侵入人体。经表皮进入体内的有毒品需经过三道屏障，第一是皮肤的角质层，一般相对分子质量大于300的物质不易透过完整的角质层。第二是位于表皮层下面的连接角质层，其表皮细胞富有固醇磷脂，它能阻止水溶性物质的通过，但不能阻止脂溶性物质透过。第三是表皮与真皮连接处的基膜，经表皮吸收的脂溶性有毒品还需具有水溶性，才能进一步扩散和被吸收。如果表皮屏障的完整性被破坏，可促进有毒品的吸收。潮湿环境也可促进吸收气态有毒品。经常接触有机溶剂，会使皮肤表面的类脂质溶解，使所接触的毒物更容易进入人体。经皮肤侵入人体的有毒品，不经过肝脏的解毒而直接随血液循环分布于全身。

③ 经消化道侵入

胃肠道的酸碱度是影响有毒品吸收的重要因素。胃液呈酸性，对弱碱性物质可增加其电离程度，从而减少其吸收。而对弱酸性物质则具有阻止其电离的作用，因而增加其吸收。脂溶性和非电离的有毒品能渗透过胃的上皮细胞。胃内的蛋白质和黏性液状蛋白类食物则可减少毒物的吸收。小肠吸收有毒品同样受到上述条件的影响。肠内较大的吸收面积和碱性环境，使弱碱性物质转化为非电解质而可被吸收。而小肠内的酶可以使已与有毒品结合的蛋白质或脂肪分解，从而释放出游离的有毒品而促进其吸收。

（2）影响毒物危害的因素

毒物对人体产生的伤害后果与许多因素相关，主要有：①毒物本身的毒性大小；②侵入人体的途径；③进入人体毒物的量或浓度；④毒物的相态；⑤毒物的溶解性；⑥毒物与人体的亲和性；⑦人体组织对毒物的敏感程度；⑧暴露于有毒环境的时间等。

（3）中毒类型

由于影响毒物危害后果的因素诸多，中毒有不同的表现类型。

① 急性中毒。由于毒物毒性极强一次或短时间内进入或毒物毒性一般但大量进入人体所致，立即发生毒性反应甚至致命，如硫化氢、一氧化碳、氯气等中毒。

② 亚急性中毒。介于急性中毒与慢性中毒之间，在一段时日内有较多的毒物进入人体或多次接触毒物而产生的中毒现象。

③ 慢性中毒。由于长期的、小量毒物进入机体所致，毒性反应不明显而不为人所重视，随着毒物的蓄积、毒性作用的累积而引起严重的伤害，如铅、汞、锰等中毒。

④ 带毒状态。虽然接触毒物，但由于进入人体量少尚无中毒症状和体征，但体检，检验尿、血中时发现所含的毒物值（或代谢产物）超过正常值上限，这种状态称带毒状态或称毒物吸收状态。例如早期的铅中毒者。

（4）常见中毒

依据国家颁布的职业病目录，明确的中毒职业病有 56 种，包括以下几类：①金属毒物中毒。如铅、汞、锰、铍、铊、钡、钒、铀等及其化合物中毒等。②非金属毒物中毒。如磷、砷及其化合物中毒等。③有毒气体中毒。如一氧化碳、硫化氢、光气、氨气等中毒。④化工毒物中毒。如苯、酚、烯、醛、氰及腈类中毒等。⑤农药中毒。如有机磷、氨基甲酸酯类、杀虫脒、溴甲烷、拟除虫菊酯类农药中毒等。

（5）化学灼伤处置

化学灼伤大多数是由于设备故障、违章操作、检修失误或个人防护缺失等原因造成的。因此，为了防止发生化学灼伤，应加强对设备、管道的维修与保养，严防"跑、冒、滴、漏"现象等；严格执行安全操作规程，杜绝违章操作。化学性皮肤灼伤是高温或常温的化学物直接对皮肤刺激、腐蚀作用及化学反应热引起的急性皮肤、黏膜损害，不包括火焰伤、水烫伤和冻伤。有些物质如硫酸、烧碱等具有剧烈的腐蚀性；另一些化学物品，如高浓度甘油等具有很强的吸水、脱水性能，可使皮肤组织迅速脱水而发生坏死，造成化学灼伤。有的化学品不仅具有强腐蚀性和化学性灼伤能力，同时具有一定的毒性，且易通过被腐蚀的伤口被人体吸收引起中毒。因此，对化学灼伤的急救要分秒必争。尤其是对头部的灼伤，不仅要注意到皮肤，更重要的是眼睛等部位的处置。若不立即给予合理的救护处理，可能造成严重的后果。

可导致烧伤的化学物质不少于千种，但常见的化学灼伤有以下几类：①酸类灼伤。如硫酸、硝酸、盐酸、氢氟酸、石炭酸、草酸灼伤等。②碱类灼伤。包括无机碱类如氢氧化钠、氢氧化钾、石灰、氨水灼伤和有机碱类如甲胺、乙二胺、乙醇胺灼伤等。③高温有毒气体灼伤。如强酸和强碱蒸气、焦油、沥青灼伤等。④脱水灼伤。如浓甘油、五氧化二磷、高浓度的乙二胺等。⑤其他灼伤。比较常见的有磷灼伤、氰化物灼伤、酚类如苯酚、甲酚灼伤等。

眼睛灼伤处置：通常由于腐蚀性液体溅飞入眼睛或腐蚀性液体蒸气喷到眼睛所致，可导致结膜炎、角膜溃烂、穿孔甚至引起失明。接触腐蚀性液体的作业场所应设有冲洗的装置和必要的救护用品。

皮肤灼伤处置：通常由于腐蚀性液体溅飞、洒落皮肤所致，可导致皮肤灼伤、溃烂，日后留下皮肤瘢痕和畸形。

发生眼睛、皮肤化学性灼伤，应按下列方法处理：①立即离开中毒现场，迅速去除、脱离受化学药剂污染的衣物、用具；②使用大量的清水冲洗灼伤部位，时间不少于 20min；③中和处理，即用弱酸(如 2%~5%醋酸、硼酸水溶液等)冲洗眼碱类灼伤，用碱(2%的碳酸氢钠水溶液)冲洗酸类灼伤；④将化学药剂冲洗完全后，可涂保护性油膏(磷灼伤不宜用)，并用纱布包扎；⑤对发生严重化学灼伤者在经过紧急处置后，应立即送医院急救。

注：若是电石、生石灰等遇水强放热或燃烧的颗粒溅入眼睛时，应先用植物油或石蜡油棉签将颗粒蘸去，才能用水进行冲洗，否则会使灼伤加重。

8.9 国家职业病防治规划

国务院办公厅发布了《国家职业病防治规划(2016—2020 年)》(以下简称《规划》)，这是"十三五"时期做好职业病防治工作、保障劳动者职业健康权益和推进健康中国建设的纲领性文件，是贯彻落实党的十八届六中全会精神、保障劳动者职业健康的重大举措，对全面建设小康社会、推进健康中国建设具有重大意义。

8.9.1 《规划》的起草背景

职业病防治工作事关劳动者身体健康和生命安全，事关经济发展和社会稳定的大局。党中央、国务院高度重视职业病防治工作。《"健康中国 2030"规划纲要》明确提出，要强化行业自律和监督管理职责，推动企业落实主体责任，推进职业病危害源头治理，预防和控制职业病发生。《职业病防治法》实施以来特别是《国家职业病防治规划(2009—2015 年)》印发以来，职业病防治体系逐步健全，监督执法力度不断加强，源头治理和专项整治力度持续加大，用人单位危害劳动者健康的违法行为有所减少，工作场所职业卫生条件得到改善，重大急性职业病危害事故明显减少。但是，当前我国职业病危害依然严重，新的职业病危害因素不断出现，对职业病防治工作提出新挑战。为此，按照《"健康中国 2030"规划纲要》精神，依据《职业病防治法》，按照国务院统一部署，国家卫生计生委、安全监管总局编制了本《规划》。

8.9.2 《规划》的主要特点

《规划》坚持目标导向和问题导向，突出了战略性、系统性、指导性、操作性，具有以下鲜明特点：

① 突出源头治理的原则。职业病防治工作的关键在于前期预防和源头治理，《规划》科学把握职业卫生发展规律，坚持预防为主、防治结合，以重点行业、重点职业病危害和重点人群为切入点，引导用人单位进行技术改造和转型升级，强化从源头预防控制职业病危害，从根本上减少职业病的发生。

② 突出用人单位主体责任。《规划》突出强调了用人单位在职业病防治工作中应承担的主体责任，确保工作场所作业环境有效改善，职业健康监护工作有序开展，劳动者的职业健康权益得到切实保障。

③ 突出职业病防治全流程管理。《规划》明确了各部门职责分工，注重部门协调和资源共享，在具体工作指标和主要任务中均体现了防、治、保等职业病防治关键环节的有效衔接，有利于加强部门协调配合，形成合力，保障和推动《规划》顺利实施。

8.9.3 《规划》的核心内容

《规划》首先阐述了职业病防治工作的重要性和必要性，总结《国家职业病防治规划（2009—2015 年）》实施以来取得的成绩，分析了面临的主要问题和挑战，明确了"十三五"期间的工作定位。提出坚持正确的卫生与健康工作方针，坚持依法防治、源头治理和综合施策的基本原则，明确了 2020 年总体工作目标和 10 个可量化的具体工作指标，主要任务及实施举措如下：

① 强化源头治理。开展全国职业病危害调查摸底。推广有利于保护劳动者健康的新技术、新工艺、新设备和新材料。在重点行业领域开展专项治理。

② 落实用人单位主体责任。加强建设项目职业病危害预评价、防护措施控制效果评价和竣工验收等环节的管理，改善作业环境和劳动条件，建立完善规范职业健康监护制度。

③ 加大职业卫生监管执法力度。加强职业卫生监管网络建设，大力提升基层监管水平。建立用人单位和职业卫生技术服务机构"黑名单"制度，定期向社会公布并通报有关部门。

④ 提升防治服务水平。完善职业病防治服务网络，充分发挥好各类医疗卫生机构的作用。优化服务流程，提高服务质量。充分调动社会力量的积极性和创造性。

⑤ 落实救助保障措施。规范用人单位劳动用工管理，依法签订劳动合同。督促用人单位依法按时足额缴纳工伤保险费。做好工伤保险与其他保障救助等相关制度的有效衔接。

⑥ 推进防治信息化建设。建立完善重点职业病与职业病危害因素监测、报告和管理网络。规范职业病报告信息管理，提高部门间信息利用效率。

⑦ 开展宣传教育和健康促进。广泛宣传职业病防治法律法规和相关标准。创新方式方法，推动"健康企业"建设。

⑧ 加强科研及成果转化应用。鼓励和支持职业病防治基础性科研工作和前瞻性研究。开展重点技术攻关，加快科技成果转化和应用推广。

8.9.4 《规划》的落实

为保障《规划》目标的实现，从加强组织领导、落实部门责任、加大经费投入、健全法律法规和标准、强化人才队伍建设等五个方面，提出保障措施，要求各地区将职业病防治工作纳入当地国民经济和社会发展总体规划，健全职业病防治工作联席会议制度，完善责任考核制度，2020 年组织实施终期评估。

第9章 危险化学品使用单位装置安全

危险化学品使用单位装置安全，直接关系到其生产安全。石油化工、化工、精细化工等行业以及液氨制冷、液氯使用、液氧使用均涉及危险化学品的使用设施。本章通过石油化工企业中的高压聚乙烯装置、化工生产中的乙烯与醋酸乙烯共聚树脂装置，精细化工中的聚氨酯黏合剂生产装置、液氨制冷装置、液氯使用设施、医用氧气设施等，全面介绍使用装置的安全要求。

9.1 高压聚乙烯装置——石油化工中使用危险化学品生产非危险化学品的装置

高压聚乙烯装置是乙烯工程的下游装置，是乙烯装置所产乙烯的主要用户，生产出低密度聚乙烯(LDPE)产品。

9.1.1 装置的主要构成

高压聚乙烯装置主要由以下四部分构成：

（1）压缩

压缩部分是将3.3MPa(表)，30℃的新鲜乙烯及高、低压分离系统分离的未反应乙烯经一次压缩机(C-1)，二次压缩机(C-2)加压至反应所需的压力，即130~250MPa(表)。

（2）聚合

二次压缩机送出的高压乙烯气进入反应器A、B聚合成聚乙烯；反应热由中间冷却器(E-15A)和反应器的水冷夹套导出，反应温度为160~270℃，由注入引发剂的多少来控制。

（3）分离及造粒

由反应器(R-3B)出来的乙烯、聚乙烯混合物，经减压、冷却之后进入高压分离器(V-2)。将未反应的乙烯与聚乙烯分离，气体经分离去低聚物并冷却后，绝大部分循环使用，少量经减压、加热后去裂解装置进行精制。

由高压分离器底部出来的聚乙烯减压后进入低压分离器(D-10)，气体经冷却后循环反应，底部聚乙烯进热进料挤压机(X-1)，经挤出，水下切粒、脱水、干燥得聚乙烯颗粒。

（4）混合与空送

造粒后的聚乙烯颗粒，用空气输送到混合部分，进行计量、检验、掺混、净化，之后送往包装装置。

其他还有一些辅助系统，如引发剂配制系统、辅助油系统等。

9.1.2 工艺流程图

高压聚乙烯装置工艺流程图如图9-1所示。

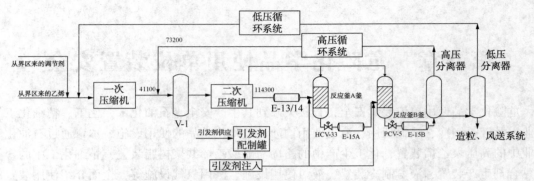

图 9-1　LDPE 釜式法工艺流程图(单位：kg/h)

9.1.3　安全生产基本原则

9.1.3.1　一般安全规定

（1）应妥善管理好火源

在聚乙烯装置内，由于使用超高压乙烯气，虽然有充分的安全措施，随时随地都可能发生意外的气体漏出。又由于使用大量的催化剂、润滑油、必须经常考虑突然发生了气体、油的泄漏等事故。

为此在聚乙烯装置内，以（严禁使用烟火）为原则。临时动火的时候，必须得到安全环保部、装置等有关部门的许可。给予许可的范围，必须确认其动火是用十分安全的方法进行。得到许可者，必须在生产现场明示发给的动火许可证。

烟火包括下列内容：

- 电气焊接、锡焊、铅焊、喷灯的使用；
- 电热器具、干燥箱、电钻、磨具；
- 非防爆电灯、汽车等的驶入、吸烟、焚火、铆钉机、钻混凝土。

另外，下述行为必须同动火一样加以注意：

① 易产生火花的某种行为使用铁锤，使用铁铲、工具器件，材料的扔投，猛烈撞击的作业，穿着带有铁钉的鞋，带入打火机、火柴，喷嘴点火器等。

② 易产生过热的某些行为。伴随有剧烈摩擦的作业，带入过热的沥清、未保温的蒸气配管。

如下场合，立即中止或者应遵守必要的事项：

a. 经临时动火许可而又要动火时；

b. 未向混凝土注水而直接进行钻孔作业的时候；

c. 在土建工程，焊接作业中认为防护壁不完善时；

d. 在土建工程，焊接作业中认为防护壁不完善时；

e. 在指定场所之外吸烟；

f. 机动车辆由禁止栏栅外驶入禁止栅以内时，但是，有时对于特定的车辆，允许停止引擎，手推入内；

g. 未携带灭火器等而临时进行动火的时候。

（2）防止可燃物的泄漏及紧急处理

既使有火源，如果不泄漏出可燃物，也不至引起爆炸、火灾，因此，应注意如下事项：

① 极力避免向大气中排放气体放空、吹扫时的气体排放应保持在最低限。

② 阀门的开关不要太急，防止产生静电，因温度下降引起配管龟裂，泄漏。

③ 防止误操作：不要搞错生产线；防止阀门开关的错误；阀门开关牌，名称牌安装完备。

④ 应尽早发现气体泄漏，依靠气体检测器，或用直觉感知。

⑤ 在指定场所外、不要放置可烧物。

⑥ 气体泄漏、气体着火的紧急处理原则。

紧急处理应根据事故的重大、轻微程度，适当、迅速地进行紧急处置的原则是：

① 确定泄漏地点。

② 紧急截断（一次、二次）。

③ 排放气体、降压（在安全的地点、用安全的方法）。有时2、3项也颠倒进行。最重要的是沉着冷静地判断，及时适当地处理。另外，气体着火时，原则上应喷水冷却机器和配管，以保护高温状态下的机器设备。不可直接喷水灭火，其原因是直接灭火，未燃的气体将再度着火，有引起二次爆炸的危险。

（3）防止因联系不当而引起的事故

因联系不得当，有时会发生诸如停错生产线，设备检修当中送电而致伤，因配管松弛而引起的气体喷出等事故，因工艺操作与检修之间的相互联系，不认真负责所造成的事故，具有发生重大事故的危险性，必须充分注意。

因此在检修前后，工艺方面与检修方面的工作人员之间应发给"开工装置、罐区、液体（气体）站、设备安全检修工作票"确实作好联系工作。即在检修开始时，由检修人员，操作人员一同，确认修理点和拆卸点，必须由操作人员向检修人员交代气体泄漏的危险性及其他注意事项后，方可工作。检修完毕，检修人员和操作人员必须再次一同去现场，确认检修后的情况。

另外，检修转动设备时，应在开关上挂（修理中）的标志，不要搞错，更要注意不得随意搬动开关。再有，检查容器内部时，应特别注意防止缺氧事故。

（4）穿戴适当的服装和保护用具

控制室出来到现场时，必须戴上安全帽并结好帽扣，应穿着紧身利落的工作服，特定的工作，应该有效地使用保护用具，因为，为了要保护自己的身体，应主动地使之习惯化。

（5）彻底做到安全作业

① 很好地了解被指定的作业，有把握地进行作业。

② 必须遵守（运转手册）所确立的原则。

有关正确与否、安全、作业的难易等问题，如考虑出更好的方法时，应向上级申诉，不可擅自无视手册。

③ 对上级、师傅、同事及安全员的指示，应认真倾听，加深理解，为成为安全装置，应同心协力。

（6）危险物品的处理

应首先熟读《危险化学品安全手册》，对本装置有关物料及产品的特性、危险性及防护、灭火方法充分了解，然后才能做到健康危害和火灾危险。尤其是操作人员，必须熟悉了解本岗位的化学原料的物理化学性质，严格执行各工艺技术规程及各项安全制度和防火制度，掌握一定的防火本领。

(7) 安全生产通则

① 本装置厂房内外的电气设备均须符合安全防爆等级要求。

② 严格进行岗位交接班，交班时上下班要密切配合，认真交接及巡回检查，组织开好班前班后会，不得马虎。

③ 设备上所有安全防护装置，未经许可，不得随便拆除，如因设备检修而拆下，检修完毕后必须重新装好。

④ 雷雨时有避雷针地区，10m 以内不得停留或通行以防触电。

⑤ 禁止在蒸汽管道上烤衣物和食品。

⑥ 传动皮带、齿轮、链条、转动部件等要加防护罩或防护网。

⑦ 使用一般设备前要先盘车后点试。

⑧ 不准擦拭正在传动的设备，特别是不允许戴手套擦拭。

⑨ 设备检修必须切断电源，并挂有明显标志。

⑩ 巡回检查中，发现运转设备有异常声响应立即采取措施，有备用台的可切换使用，单一设备如情况紧急，可先采取措施，后报告班长或调度请求处理。

⑪ 吊车应严格按照使用规定使用，严禁超负荷或斜吊，并禁止任何人站在起吊物上或在起吊物下停留与行走。起吊中，起吊现场应有专人负责。

⑫ 各设备上装有的安全附件，要经常检查是否正常，以保证设备的安全运转。

9.1.3.2　高压聚乙烯生产过程中的特点及不安全因素

① 在高温下乙烯和聚乙烯均能产生分解反应，在分解时，能使温度，压力急剧上升，从而引起爆破膜或设备的爆破。

② 爆破膜破裂后排出的乙烯气体温度很高，在管道内高速排出时会产生静电，在排至空中后，可能产生破坏性更大的二次爆炸。

③ 系统内的乙烯气体在高压下容易泄漏，漏出乙烯与空气易形成爆炸性的混合气体；在一定条件下，能够产生燃烧和爆炸。此外，乙烯气体在厂房内达到一定浓度时工作人员会产生中毒和窒息现象。

④ 聚乙烯颗粒在输送过程中有可能产生静电，从而导致局部的爆炸和燃烧。

⑤ 调节剂、催化剂和其他化学药品也都是属于易燃易爆的化学药品。

因此，在高压聚乙烯工厂的设计和生产中必须充分重视安全问题。

9.1.3.3　主要设备的安全规定

(1) 发生气体泄漏及火灾时基本处理要领

① 弄清楚漏气的设备及管线

聚合工段，因具有相同的机械、管线等设备的三条生产线，首先不要搞错生产线，要确实看清，看准，这是必须做到的。

异常点发生诸如压缩机及反应器那样的主要设备上时，很少弄错。但像泵、冷却器，那样的小设备或配管，就容易搞错。所以正确判断事故点，并及时进行处理是相当重要的。

为了防止搞错，在判断该机器设备时，要同时对周围设备运转状态有异常及报警装置，有无动作等情况综合起来判断，也是非常重要的。

② 运转中的机械异常停车

在发生气体泄漏及火灾的时候，原则上在控制室里将 R-3，C-1，C-2 进行紧急停车。压缩机等运转设备要迅速地进行紧急停车。

③ 气体泄漏处的判断

发生气体泄漏时，为将气体的泄漏限制在最小限度希望关闭靠泄漏部位最近的阀，进行阀的操作，处于危险状态，又难接近时，就将范围扩大，把相近的阀门关闭。又考虑到阀的内漏，双重切断时，要充分注意被关闭部分的压力异常上升。

④ 相邻设备及生产线的保护

气体泄漏就发生在不同管线上，虽然不能直接与其他设备连接在一起，但是当判断相邻处也有发生火灾的危险时，应对这个区域进行降压。

为了防止加热造成温度上升及设备损伤，要喷水进行冷却保护，特别要注意，不要将水喷到运转中的室内型的电器设备上，必须防止引起二次事故。

⑤ 所切断的区域内进行气体排放

为使损失限制在最小限度，切断区域的内压，必须尽快的降下，为此或者利用返回管线将乙烯返回乙烯装置，有关第③项切断气体，要考虑上述事项来进行是重要的。

⑥ 辅助管线的处理

分析返回，V-1 加压，C-2 泄漏管线等处，在处理事故时容易忽视，因此做气体切断，气体排放工作时，首先要搞清楚辅助管线的状态，进行适当处理。发生火灾时应关闭与油有关的入口阀，再停油泵（在现场或配电室）等，做防止油火灾扩大的处理。

（2）灭火及救护方法

在紧要情况下，为了有效地灭火和进行抢救工作，平时就要熟练地掌握消火设备（灭火器、消火栓、洒水器、泡沫灭火器设备）的操作方法及担架的使用方法。

扑灭气体火灾时，必须迅速切断气源、放空，减少火灾损失，喷水冷却周围的相应设备。

气体火灾不可轻易扑灭，待残余气体烧完自然熄灭。倘若因喷水将火熄灭了，气体仍在外泄，周围空间将充满气体，遇点火源将会引起空间爆炸。

（3）紧急处理的方法

紧急处理时，原则是在指挥者（当班的或班长）的指示下进行。但对①～③项的情况，各当班者在发现异常时，应进行初期处理，同时把处理情况准确地向领导报告。

总而言之，在关键时刻的紧急处理，应是分秒必争。本着安全第一，预防为主的原则，初期处理要及时有效，防止二次灾害的发生。

（4）各设备的紧急停车操作要领

① R-3 的紧急停车操作，按以下顺序进行：

a. 将自动控制开关切成手动停车；

b. 确认指示灯亮了；

c. P-2A/B、P-3A/B、P-5A/B 停，确认 R-3 正在降温；

d. PCV-5、HCV-33 及 HCV-31-32 呈开的状态，看到 R-3 正在降压；

e. 定时器给定时间（20s）后，确认 HCV-17-1～4 打开；

f. R-3 压力若降到了 20MPa，手动关闭 HCV-31、HCV-32；

g. 定时器给定时间（30s）后确认 HCV-18-1~4 关闭；

h. R-3 温度在 150℃ 以下，压力在 20MPa 以下时，确认电流，停止 R-3A/B 的搅拌；

i. 停车后进行处理；

j. 定时器给定时间（5min）后，确认 C-2 停车。

以上是 R-3 紧急停车处理步骤，根据情况，有时先关闭 HCV-31 和 HCV-32。自动停车时，在 C-2 定时器动作之前，解除联锁也是可行的。

② C-1 的异常停车

C-1 的紧急停车，使用控制室仪表盘上的紧急停车开关，或用现场开关来进行，在 C-1 紧急停车的时候，应予先考虑 D-8 的压力会迅速上升，所以必须迅速进行低压管线（包括 D-8,D-10）的降压操作及迅速关闭 PCV-1 阀。

③ C-2 的紧急停车

C-2 的紧急停车与 C-1 一样，用控制室开关或现场开关来进行，在 C-2 停车操作的时候，同时也关闭 SOV-1，切断气源。

④ X-1 的紧急停车

X-1 的紧急停车，按如下顺序进行：

a. 把现场 X-1 主马达开关，打到"切"的位置；

b. LIC-1 切成手动，关闭 LCV-1；

c. 进行停车后的处理。

此时注意 V-2、D-10 的液面上升，确认 R-3 停车，注意 D-10 压力上升如果需要，关闭 V-2-4，再用 D-13 进放空，若其他岗位发生异常情况 X-1 紧急停车时，进行上面①、②处理后，支持其他岗位做紧急处理，之后进行③的处理工作。

9.2 乙烯与醋酸乙烯共聚树脂（EVA）装置——化工生产中使用危险化学品生产非危险化学品的装置

EVA 装置——产品为乙烯与醋酸乙烯共聚树脂（EVA）。装置的设计规模为 $4×10^4$t EVA/a，因操作弹性为 50%~110%，最大生产能力可达到 $4.4×10^4$t EVA/a，年操作时间为 7200h。该装置是于 20 世纪 90 年代从意大利埃尼蒙特化学公司成套引进的，于 1994 年建成投产。EVA 装置是一套高温高压、易燃易爆超高压装置。它以乙烯、醋酸乙烯为聚合单体，丙烯为调节剂，有机过氧化物为引发剂，以自由基共聚方式，采用单釜式法反应，经过了压缩、聚合、分离、挤出造粒等工艺过程。

EVA 树脂的主要应用于薄膜、胶黏剂和涂层以及模塑材料；纸箱、纸盒密封和标签黏贴用的热熔胶黏剂及地毯涂层；模塑和型材挤塑制品，如家具、玩具、娱乐和医疗制品、电线电缆等。此外，EVA 树脂还可以与其他材料共混生产各种不同的共混材料。流程示意图及设备设施清单如图 9-2 和表 9-1 所示。

图 9-2 EVA 流程图

表 9-1　EVA 装置主要设备设施清单

设备编号	设备名称	规格型号	材质	数量	开备情况
K-101	一次压缩机	往复式 2HD/3	铸铁	1	开
K-102	二次压缩机	往复式 F6	铸铁	1	开
K-103	升压压缩机	往复式	AISI304L	1	开
K-104A/B	压缩区强制通风机	离心式 CHA 36	CS	1	开
K-105A/B	反应器和高压分离器区强制通风机	离心式 CHA 36	CS	1	开
K-106A/B/C	脱气系统真空风机	滑片式	铸铁	1	开
K-107	氮气压缩机	往复式	GG-25	1	开
K-301A/B/C	空气压缩机	双螺杆式 ZR3		1	开
K-302	V-300A/B 脱气风机	离心式 FE 451 P4AC	碳钢	1	开
K-304A/B/C	V-304A-C 脱气风机	罗茨 RB80-GP80/22/1500	球墨铸铁	1	开
K-306A/B/C	V-306A-C 脱气风机	罗茨 RB80-GP80/18.5/1200	球墨铸铁	1	开
K-306D/E	V-306D-E 脱气风机	罗茨 RB60-GP60/11/700	球墨铸铁	1	开
K-308B/C/D	V-308B-D 脱气风机	罗茨 RB80-GP80/18.5/1200	球墨铸铁	1	开
V-102	乙烯储罐	立式 2000×6500	16MnR	1	开
V-401A/B	链转移剂储罐	卧式 2200×8000	16MnR	1	开
V-422A/B	醋酸乙烯储罐	卧式 3000×8500	00Cr19Ni11	1	开
V-130A/B	添加剂溶液配制槽	立式 1000×2100	0Cr19Ni9/夹套 16MnR	1	开
V-126A/B/C/D	引发剂溶液配制槽	立式 1200×2600	00Cr19Ni11/夹套 Q235-A	1	开
V-210	热油储罐	立式 2900×6500	CS	1	开
C-403	醋酸乙烯回收塔	立式		1	开
R-101	反应器	FV-5835 立式	$3\frac{1}{2}$NiCrMoV	1	开

9.2.1　重点监管危险化工工艺辨识

根据国家安全监管总局根据国家安全监管总局《关于公布首批重点监管的危险化工工艺目录的通知》(安监总管三〔2009〕116 号)和《国家安全监管总局关于公布第二批重点监管危险化工工艺目录和调整首批重点监管危险化工工艺中部分典型工艺的通知》安监总管三〔2013〕3 号的规定,EVA 装置为聚合工艺,属于重点监管危险化工工艺。

9.2.2　重点监管危险化学品辨识

根据《国家安全监管总局关于公布首批重点监管的危险化学品名录的通知》(安监总管三〔2011〕95 号)《国家安全监管总局关于公布第二批重点监管危险化学品名录的通知》安监总管三〔2013〕12 号的规定,通过辨识,企业生产过程中属于首批重点监管的危险化学品有乙烯、醋酸乙烯。

9.2.3 事故风险种类和可能性

依据工厂的生产特点、工艺流程、涉及的物料性质,经辨识分析生产装置中涉及的主要危险物质主要有乙烯、醋酸乙烯,按照《危险化学品名录》(2015 版)辨识为危险化学品,根据上述物质和工艺的特性、分布和存储情况分析,工厂存在火灾爆炸、危险化学品泄漏、人员中毒等生产安全事故风险。厂内危险有害因素存在部位见表 9-2。

表 9-2 危险、有害因素分布

危险有害因素	存 在 部 位	造成后果
火灾爆炸	EVA 装置、辅助装置、大罐区、研发检验中心	人员伤亡、设备损坏
机械伤害	有尖锐棱角的生产设备、及设备维修工具等	人员伤亡
电气伤害	配电室、用电设备、防雷引下线、用电线路、用电设备检修等	人员伤亡
灼烫伤	蒸汽管道、火炬、热力站、设备检修等	人身伤害
中毒和窒息	装置储罐、地沟地井、各类塔、装置检修等	人员伤亡
物体打击	生产区、办公区、装置检修等	人员伤亡
高处坠落	精馏塔、储罐等高处作业平台检修等	人员伤亡
车辆伤害	厂区内道路	人员伤亡
噪声和振动	装置区内的压缩机、泵等	职业病
淹溺	中和池、循环水场	人员伤亡

9.2.4 事故的严重程度和影响范围

火灾爆炸、危险化学品泄漏、人员中毒等生产安全事故主要存在。本厂各生产装置区、大罐区、装置罐区以及辅助装置区均设有储罐,主要存储物质为乙烯、醋酸乙烯。VAE 装置区储罐的主要风险事故为乙烯储罐管道泄漏引发爆炸事故事故;EVA 装置区储罐的主要风险事故为丙烯储罐管道泄漏引发爆炸事故和醋酸乙烯储罐泄漏引发火灾的事故;大罐区的主要风险事故为醋酸管道泄漏事故和醋酸乙烯储罐泄漏引发火灾事故;装置罐区的主要风险事故为醋酸乙烯泄漏引发的火灾事故。

9.2.5 自动化控制系统、工艺安全分析

(1) 工艺与自控措施

采用了技术上先进、安全、可靠的工艺,生产过程中重要的操作采用控制室 DCS 程序控制,对有爆炸和其他不安全因素的操作参数设置报警联锁。并在生产装置和罐区设有可燃气体检测器报警,检测器原则上设置在可燃气体和有毒气体易滞留的地方,其数据引至控制室内,并设有声光报警信号。根据工艺安全控制要求设置工艺联锁,确保装置运行安全。

采用分散性控制系统(DCS)进行过程控制和检测,实现集中控制、平稳操作、安全生产、统一管理、长周期运转。DCS 系统的控制器、控制器电源、通讯卡、网络总线等设备均做冗余设置。DCS 系统所设置的操作站等设备能满足装置工艺操作上的要求,操作系统软件在中文环境下运行。装置的主要工艺检测和控制变量均在 DCS 进行显示、调节、记录、报警,装置内各主要转动设备的运行状态均在 DCS 进行显示。

（2）设备、管道的设计、制造、检验、管理

严格按照压力容器安全监察规程进行压力容器的设计、制造、检验。工艺管道和阀门采用法兰或承插密闭连接，选用适当的材料和标准，防止早期损坏和避免泄漏。对可能超压的聚合釜、塔、容器等设备，设置安全阀或爆破片。

（3）电气防火、防爆、防触电

按 GB 50058—2014《爆炸危险环境电力装置设计规范》进行电气防爆区域划分和电气设备防爆等级确定。生产框架及新建罐区的爆炸危险区域划分为 2 区，爆炸性气体和蒸气的分级分组为 ⅡBT4。仪表选用本质安全或隔爆型防爆仪表，电动机及电气开关等选用防爆型。

采用双回路供电系统以保证供电的可靠性；对 DCS 及仪表系统配备 UPS 不间断电源，保证事故状态下的用电。

在关键部位设置应急照明保证操作人员应急操作和疏散。

按《工业与民用电力装置的接地设计规范》《石油化工企业设计防火规范》《建筑物防雷设计规范》和《石油化工静电接地设计规范》设置工作接地、保护接地、防雷接地、直流工作接地、防静电接地，采用共用接地系统。接地装置采用基础接地和人工接地相结合的方式，总接地电阻按规范要求不大于 4Ω。

（4）总平面布置

根据《石油化工企业设计防火规范》进行总平面布置，各建、构筑物按不同类别性质布置防火间距。

（5）建筑、结构与抗震设防

根据《石油化工企业设计防火规范》和《建筑设计防火规范》火灾危险性类别确定建、构筑物面积限制、耐火等级、建筑结构和材料。装置框架采用敞开式结构，加强自然对流，防止易燃、有毒气体积聚。抗震基本烈度按 8 度设防。

（6）消防措施

装置区内设有消防水炮，由总体的稳高压消防水系统供水，罐区还有半固定式泡沫灭火系统，装置内设置一定数量的灭火器机动使用。

装置区和主要建筑物设有火灾报警系统，火灾报警控制器通过总线与厂区消防站的火灾报警控制器联网。

（7）防噪音措施

尽量选用低噪声的设备，在工艺控制、管道布置等方面采取相应措施，尽量减少噪声产生；在必要的地方配置消音器，采取隔音措施；根据具体工作环境配备必要的个人防护用品。

（8）防机械伤害措施

在具有运动部件的地方加装防护罩或防护网，必要时设置联锁装置，以免发生机械伤害。

（9）防止高温灼伤措施

对高温表面进行防烫隔热。

（10）防窒息

加强作业管理和人员培训，进塔、进罐作业必须有人监护，必须经气体检测允许人员进入方可进塔、进罐作业。

（11）防中毒措施

尽量密闭操作，减少危害物质散发；合理通风加速有害物质稀释；配备个人防护用品。

在可能接触有毒物质、引起灼伤、刺激伤害皮肤的区域，设紧急沐浴，洗眼设施。

（12）加强管理措施，防止事故发生

建立完整的安全管理机构和严格的安全管理制度。厂设有安全监察人员，负责厂内的安全管理和监督。工厂设有厂、车间、班组三级安全管理网络体系，负责日常的安全生产管理监督工作。

9.2.6　EVA 装置危险分析

（1）火灾爆炸危险分析

• EVA 装置在生产过程中所使用的原、辅材料乙烯、醋酸乙烯、丙烯和过氧化物引发剂属易燃易爆和甲类危险物质，火灾爆炸是该装置的主要危险。

• 装置设备和管线大部分为高压、超高压、高温介质，在设备制造、安装中的任何失误导致的隐患，在操作运行中的压力变化、温度变化或冲刷、磨损、振动、结垢、应力等破坏因素影响下，或是超温、超压、超速、超负荷运行下，都会扩展形成缺陷，引发泄漏、导致火灾爆炸事故。

• 乙烯压缩机（超高压）出现故障，超温、超压、乙烯泄漏可导致火灾、爆炸事故。

• 聚合反应器超温、超压导致发生火灾爆炸事故。

• 高压分离器内未反应乙烯一旦发生泄漏，引起火灾爆炸。

• 引发剂过氧化物泄漏引起分解燃烧，可导致火灾爆炸的发生。

• 三次压缩机入口缓冲器泄漏造成火灾爆炸事故。

• 乙烯、丙烯储槽危险物质泄漏发生火灾爆炸。

• EVA 料仓内 EVA 微粉可引起闪爆。

（2）物理爆炸危险因素分析

• 压缩机、料仓可引起物理爆炸。

• 高压串低压也可引起爆炸。

• 超高压设备管道、管件阀门出现问题发生的事故。

（3）中毒和窒息危险分析

阻聚剂对苯二酚属高毒类物质，侵入途径吸入、食入，经皮肤吸收。对皮肤、黏膜有强烈的腐蚀作用，可抑制中枢神经系统或损害肝、肾功能。

急性中毒：吸入高浓度蒸气，可致头痛、头晕、耳鸣、苍白、紫绀、恶心、呕吐、腹痛、呼吸困难、心动过速、惊厥、谵忘和虚脱，严重者呕血、血尿、溶血性黄疸甚至致死。

慢性影响：长期低浓度吸收，可致头痛、头晕、咳嗽、食欲减退，恶心呕吐等。皮肤可引起皮炎。接触操作时，避免直接接触，穿戴防护用具。一旦触及应立即用大量水冲洗，严重的及时就医。生产过程中其余介质大都属于微毒物质，醋酸乙烯属低毒。

氮气泄漏可导致窒息。常压下氮气中毒表现为单纯性窒息作用。

（4）其他危险因素分析

• 反应器、挤压机模头高温处可造成灼伤。

• 液态烃（乙烯、丙烯）触及皮肤可致冻伤（即化学灼伤）。

• 设备检修时，出现意外可造成机械伤害。

- 装置内由于有高大工艺框架和设备，存在发生高处坠落的可能。
- 使用电气设备存在触电危险。
- 有起重设备，可能造成起重伤害。
- 压缩机、泵区和挤压造粒等处，各种噪声大约在85~95dB间，存在噪声危害。
- 在装卸添加剂过程中会产生少量的粉尘，添加剂加料处是粉尘较多的地方，存在粉尘危害。
- 放射性料位计可能造成辐射射线伤害。
- 高空坠落。

9.3 精细化工中聚氨酯黏合剂生产装置

9.3.1 聚氨酯黏合剂生产工艺

（1）生产原理

聚氨酯粘合剂是用二元酸和二元醇原料进行酯化脱水，再经过聚合反应形成高分子链，然后加入扩链剂进行合成反应后形成高分子链的混合物。工艺过程是：

二元醇+二元酸 $\xrightarrow{\text{酯化反应}}$ 聚酯 $\xrightarrow{\text{缩合反应}}$ 高分子链状聚酯 $\xrightarrow{\text{合成改性}}$ 高分子混合物（成品）

（2）流程描述

生产工艺流程简图如图9-3所示。

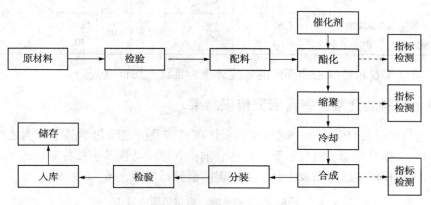

图9-3 生产工艺流程图

聚氨酯黏合剂生产工艺中的聚合工艺，根据《国家安全监管总局关于第二批重点监管危险化工工艺目录和调整首批重点监管危险化工工艺中部分典型工艺的通知》（安监总管三〔2013〕3号），不属于国家重点监管的危险化工工艺。

（3）风险程度评价

本评价将按照安全系统工程中系统分割的原则，对聚氨酯粘合剂生产装置进行评价，计算其危险度分值和分级。依据有关工艺、设备资料以及现场调研得到的数据，对照"危险度取值法"的要求赋值，计算出其危险程度，详见表9-3。

表 9-3 聚氨酯黏合剂生产装置生产工艺系统各评价单元危险度计算结果

序号	评价单元	操作状况	评分	介质	评分	温度/℃	评分	压力/MPa	评分	容量/m³	评分	分值	单元危险等级
1	一次酯化	中等程度放热	5	醇类	2	200	0	常压	0	液体<10	0	7	Ⅲ
2	二次酯化	轻微放热反应	2	醇类酯类	2	200	0	常压	0	液体<10	0	4	Ⅲ
3	缩聚	中等程度放热	5	酯类	2	200	0	常压	0	液体<10	0	7	Ⅲ
4	冷却	无危险的操作	0	酯类	2	120	0	常压	0	液体<10	0	2	Ⅲ
5	合成	轻微放热反应	2	乙酸乙酯	5	60	0	常压	0	液体<10	0	7	Ⅲ

本次评价结果显示聚氨酯黏合剂生产装置各评价单元危险等级均为Ⅲ级，属于低度危险。

（4）依据有关储罐资料以及现场调研得到的数据，对照"危险度取值法"的要求赋值，对储存罐区进行评价，计算出其危险程度，详见表9-4。

表 9-4 乙酸乙酯罐区危险度计算结果

序号	评价单元	操作状况	评分	介质	评分	温度/℃	评分	压力/MPa	评分	容量/m³	评分	分值	单元危险等级
1	乙酸乙酯储罐	无危险的操作	0	乙酸乙酯	5	常温	0	常压	0	液体40	2	7	Ⅲ

本次评价结果显示乙酸乙酯罐区的危险等级为Ⅲ级，属低度危险。

9.3.2 物料的危险、有害因素辨识结果

根据《危险化学品目录》（2015版）辨识，该项目涉及的危险化学品主要为乙酸乙酯、二苯甲烷-4,4′-二异氰酸酯、氮气、聚氨酯粘合剂，其危险特性及主要控制指标见表9-5，项目中危险化学品和化学品分布及主要危险有害因素分析见表9-6。

表 9-5 物质的危险、有害因素一览表

介质名称	CAS 号	常温状态	沸点/℃	闪点/℃	引燃温度/℃	火灾危险类别	备注
乙酸乙酯	141-78-6	液	77.2	-4	426	甲	重点监控危险化学品
聚氨酯黏合剂	—	液	—	46.5	250	乙	产品经检测闪点为46.5℃
二苯甲烷-4,4′-二异氰酸酯	101-68-8	固	314	196	240	丙	
氮气	7727-37-9	气	-195.6	无意义	无意义	戊	

表 9-6　物料危险有害因素分布情况

危险物料	危险因素	工艺过程	主要设备
乙酸乙酯	火灾爆炸、化学灼伤、中毒危害	酯化过程、缩聚过程、合成过程、储存及输送	酯化釜、缩聚釜、合成釜、罐区
二苯甲烷-4,4'-二异氰酸酯(MDI)等物料	化学灼伤、中毒危害	缩聚过程、合成过程	缩聚釜、合成釜、库区
聚氨酯黏合剂	火灾爆炸	分装过程	合成釜、库区
二乙二醇、邻或对苯二甲酸、己二酸	火灾爆炸、化学灼伤	酯化过程、缩聚过程、合成过程、储存及输送	酯化釜、缩聚釜、合成釜、罐区
氮气	容器爆炸、窒息	酯化过程、缩聚过程中压料，氮气输送	管线、氮气钢瓶

该项目涉及的乙酸乙酯是《首批重点监管的危险化学品名录的通知》(安监总管三〔2011〕95号)中所列危险化学品，企业应按照该文件内容对乙酸乙酯按重点监管危险化学品要求进行管理。

9.3.3　生产工艺过程危险、有害因素辨识结果

根据《国家安全监管总局关于公布首批重点监管的危险化工工艺目录的通知》(安监总管三〔2009〕116号)和《重点监管危险化工工艺目录(2013版)》，该项目不涉及重点监管的危险化工工艺。

该项目生产工艺过程中可能发生的事故类型：火灾爆炸、容器爆炸、中毒窒息、化学灼伤、车辆伤害、触电、机械伤害、物体打击、高处坠落、噪声以及其他危险有害因素等。

各生产生产过程和装置主要危险有害因素分析见表 9-7 和表 9-8。

表 9-7　生产过程危险、有害因素辨识分析结果

危险有害类别	危险种类	引起危害的物质或因素
主要危害	火灾爆炸	乙酸乙酯等易燃物料挥发、泄漏、操作不当、动火、静电等
	中毒	乙酸乙酯、二苯甲烷-4,4'-二异氰酸酯等物质挥发或泄漏，接触人体
次要危害	高温烫伤	加热管道和反应釜
	高处坠落	正常生产巡检、维修过程中违章或高处设备设施缺少防护装置
	触电	电气设备及线路
	机械伤害	运转设备无防护、违章操作
	车辆伤害	车辆故障、人员违章、场所受限等
	化学灼伤	物料泄漏、洒泼、人员未穿戴劳动防护用品
	容器爆炸	使用高压氮气压料超压、反应釜超温超压
	噪声	运转设备产生

表 9-8　生产装置危险、有害因素分析结果

工艺过程	主要危险因素														
	1	2	3	4	5	6	7	8	9	10	11	12	13	14	15
	火灾	化学爆炸	中毒窒息	灼烫	容器爆炸	锅炉爆炸	高处坠落	电击电伤	雷电	物体打击	机械伤害	车辆伤害	噪声	振动	其他
聚氨酯黏合剂生产线	◆	◆	◆	◆	◆		◆	◆		◆	◆	◆	◆		

注：◆—存在或可能存在。

9.3.4 储存过程危险、有害因素分析结果

该项目涉及的储存设备包括库房和地下储罐，其储存过程和储存设备的危险、有害因素辨识分析结果见表9-9和表9-10。

表9-9 储存过程危险、有害因素辨识分析结果

危险有害类别	危险种类	引起危害的物质或因素
主要危害	火灾爆炸	设备腐蚀、物料泄漏、遇明火或静电火花引起火灾爆炸危害
	中毒	物料挥发或泄漏，接触人体
次要危害	机械伤害	搬运过程中造成的人员机械伤害
	车辆伤害	车辆装卸搬运过程中对作业人员造成的伤害
	灼烫	加热后的原料、包装物作业人员直接接触
	容器爆炸	气瓶储存区气瓶储存不当造成气瓶爆炸

表9-10 储存设施危险、有害因素分析结果

工艺过程		主要危险因素													
		1	2	3	4	5	6	7	8	9	10	11	12	13	14	15
		火灾	化学爆炸	中毒窒息	灼烫	容器爆炸	锅炉爆炸	高处坠落	电击电伤	雷电	物体打击	机械伤害	车辆伤害	噪声	振动	其他
1	产品储存库房	◆	◆	◆								◆	◆			
2	储罐区	◆	◆	◆								◆	◆			
3	周转装卸平台	◆	◆	◆								◆	◆			
4	氮气气瓶棚库			◆		◆						◆				

注：◆—存在或可能存在。

9.4 液氨制冷设施

冻库内用于制冷的氨蒸发器采用风冷式(非排管)，制冷机房通过$DN108$管道将液氨输送到冷库，通过冷库内氨分配站向各单元冷库的蒸发器供液氨，液氨在蒸发器内蒸发制冷，带走大量的热量，将库温降低到库存工艺温度即-18℃。蒸发后的氨气通过$DN200$氨气回收管道回送到制冷机房，经制冷压缩机组压缩散热后又变成可供制冷用的液氨，形成一个氨的循环。

9.4.1 主要设备、设施

冻库有制冷机与管道等，其工业管道及氨容器按照特种设备许可管理。

主要设备、设施见表9-11。

表 9-11　冷库设施一览表

名　　称	型　　号	数量/(台)、套	主 要 参 数
螺杆机压缩机	LG20CAB	3	电机功率 125kW
螺杆机压缩机	JZ2LG20	4	电机功率 200kW 制冷量 329kW
螺杆机压缩机	LG20CAB	2	电机功率 200kW 制冷量 329kW
螺杆机压缩机	JZ2LG16	1	电机功率 100kW 制冷量 112.4kW
螺杆机压缩机	LG20CAB	3	电机功率 220kW 制冷量 628.2kW
螺杆机压缩机	LG20CAB	1	电机功率 250kW 制冷量 1319.3Mcal
螺杆机压缩机	JZ2LG16	1	电机功率 125kW 制冷量 611.9kW
氨泵	40P10X4-RW122.5	12	扬程 4m 流量 6m³/h
低压循环桶	AX2B-5.0	6	设计压力 1.4MPa
氨槽	ZA-6.5	3	容积 6.54m³
氨泵	40P10X4-RW122.5	12	扬程 4m 流量 6m³/h
低压循环桶	AX2B-5.0	6	设计压力 1.4MPa
蒸发式冷凝器	CXV481	3	风机功率 11/22kW 水泵功率 5.5kW

冷库食品储存经营过程中涉及的危险有害物质制冷管道中运行的液氨冷剂，其泄漏容易发生火灾、爆炸、中毒窒息事故。该工程冷库建设所涉及的厂址选择、总平面布置、生产工艺设备、电气系统、特种设备、职业卫生及辅助设施中可能出现的危险、有害因素予以辨识、分析。

9.4.2　危险化学品分析

该冷库储存经营过程中涉及的危险、有害物质为液氨。按照相关规范对其进行分类如下。

（1）按照《建筑设计防火规范》危险化学品生产、储存火灾危险性分类：液氨属于乙类危险类别。

（2）按照《危险化学品目录》（2015 版）的规定分类：液氨属第 2.3 类压缩气体和液化气体。

（3）按《职业性接触毒物危害程度分级》的规定分类：液氨属于 I 级（极度危害）的物质。

（4）按照《国家安全监管总局关于公布首批重点监管的危险化学品名录的通知》（安监总管三〔2011〕95 号）的规定分类：液氨属于首批重点监管的危险化学品。

（5）按照《易制毒化学品管理条例》《剧毒化学品目录》《易制爆危险化学品名录》等规定辨识，该项目不涉及易制毒化学品、剧毒化学品、易制爆危险化学品。

9.4.3 液氨的物化性能指标

液氨的物化性能指标及包装、储存、运输的要求见表9-12。

表 9-12 液氨性能指标及包装、储存、运输的要求

特 别 警 示	与空气能形成爆炸性混合物；吸入可引起中毒性肺水肿
理化特性	常温常压下为无色气体，有强烈的刺激性气味。20℃、891kPa下即可液化，并放出大量的热。液氨在温度变化时，体积变化的系数很大。溶于水、乙醇和乙醚。分子量为17.03，熔点为-77.7℃，沸点为-33.5℃，气体密度为0.7708g/L，相对蒸气密度为(空气=1)0.59，相对密度为(水=1)0.7(-33℃)，临界压力为11.40MPa，临界温度为132.5℃，饱和蒸气压为1013kPa(26℃)，爆炸极限为15%~30.2%(体积)，自燃温度为630℃，最大爆炸压力为0.580MPa。 主要用途：主要用作致冷剂及制取铵盐和氮肥
危害信息	【燃烧和爆炸危险性】 极易燃，能与空气形成爆炸性混合物，遇明火、高热引起燃烧爆炸。 【活性反应】 与氟、氯等接触会发生剧烈的化学反应。 【健康危害】 对眼、呼吸道黏膜有强烈刺激和腐蚀作用。急性氨中毒引起眼和呼吸道刺激症状，支气管炎或支气管周围炎，肺炎，重度中毒者可发生中毒性肺水肿。高浓度氨可引起反射性呼吸和心搏停止。可致眼和皮肤灼伤。 PC-TWA(时间加权平均容许浓度)：20mg/m³；PC-STEL(短时间接触容许浓度)：30mg/m³
安全措施	【一般要求】 操作人员必须经过专门培训，严格遵守操作规程，熟练掌握操作技能，具备应急处置知识。必须持特种作业证、特种设备压力容器和压力管道操作证上岗。 严加密闭，防止泄漏，工作场所提供充分的局部排风和全面通风，远离火种、热源，工作场所严禁吸烟。 生产、使用氨气的车间及储氨场所应设置氨气泄漏检测报警仪，使用防爆型的通风系统和设备，应至少配备两套正压式空气呼吸器、长管式防毒面具、重型防护服等防护器具。戴化学安全防护眼镜，穿防静电工作服，戴橡胶手套。工作场所浓度超标时，操作人员应该佩戴过滤式防毒面具。可能接触液体时，应防止冻伤。 储罐等压力容器和设备应设置安全阀、压力表、液位计、温度计，并应装有带压力、液位、温度远传记录和报警功能的安全装置，设置整流装置与压力机、动力电源、管线压力、通风设施或相应的吸收装置的联锁装置。重点储罐需设置紧急切断装置。 避免与氧化剂、酸类、卤素接触。 生产、储存区域应设置安全警示标志。在传送过程中，钢瓶和容器必须接地和跨接，防止产生静电。搬运时轻装轻卸，防止钢瓶及附件破损。禁止使用电磁起重机和用链绳捆扎、或将瓶阀作为吊运着力点。配备相应品种和数量的消防器材及泄漏应急处理设备。 【操作安全】 (1)严禁利用氨气管道做电焊接地线。严禁用铁器敲击管道与阀体，以免引起火花。 (2)在含氨气环境中作业应采用以下防护措施： ——根据不同作业环境配备相应的氨气检测仪及防护装置，并落实人员管理，使氨气检测仪及防护装置处于备用状态； ——作业环境应设立风向标； ——供气装置的空气压缩机置于上风侧； ——进行检修和抢修作业时，应携带氨气检测仪和正压式空气呼吸器。 (3)充装时，使用万向节管道充装系统，严防超装。 【储存安全】 (1)储存于阴凉、通风的专用库房。远离火种、热源。库房温度不宜超过30℃

特 别 警 示	与空气能形成爆炸性混合物；吸入可引起中毒性肺水肿
安全措施	（2）与氧化剂、酸类、卤素、食用化学品分开存放，切忌混储。储罐远离火种、热源。采用防爆型照明、通风设施。禁止使用易产生火花的机械设备和工具。储存区应备有泄漏应急处理设备。 （3）液氨气瓶应放置在距工作场地至少5m以外的地方，并且通风良好。 （4）注意防雷、防静电，厂（车间）内的氨气储罐应按GB 50057《建筑物防雷设计规范》的规定设置防雷、防静电设施。 【运输安全】 （1）运输车辆应有危险货物运输标志、安装具有行驶记录功能的卫星定位装置。未经公安机关批准，运输车辆不得进入危险化学品运输车辆限制通行的区域。 （2）槽车运输时要用专用槽车。槽车安装的阻火器（火星熄灭器）必须完好。槽车和运输卡车要有导静电拖线；槽车上要备有2只以上干粉或二氧化碳灭火器和防爆工具；防止阳光直射。 （3）车辆运输钢瓶时，瓶口一律朝向车辆行驶方向的右方，堆放高度不得超过车辆的防护栏板，并用三角木垫卡牢，防止滚动。不准同车混装有抵触性质的物品和让无关人员搭车。运输途中远离火种，不准在有明火地点或人多地段停车，停车时要有人看管。发生泄漏或火灾时要把车开到安全地方进行灭火或堵漏。 （4）输送氨的管道不应靠近热源敷设；管道采用地上敷设时，应在人员活动较多和易遭车辆、外来物撞击的地段，采取保护措施并设置明显的警示标志；氨管道架空敷设时，管道应敷设在非燃烧体的支架或栈桥上。在已敷设的氨管道下面，不得修建与氨管道无关的建筑物和堆放易燃物品；氨管道外壁颜色、标志应执行GB 7231《工业管道的基本识别色、识别符号和安全标识》的规定
应急处置原则	【急救措施】 吸入：迅速脱离现场至空气新鲜处。保持呼吸道通畅。如呼吸困难，给氧。如呼吸停止，立即进行人工呼吸。就医。 皮肤接触：立即脱去污染的衣着，应用2%硼酸液或大量清水彻底冲洗。就医。 眼睛接触：立即提起眼睑，用大量流动清水或生理盐水彻底冲洗至少15min。就医。 【灭火方法】 消防人员必须穿全身防火防毒服，在上风向灭火。切断气源。若不能切断气源，则不允许熄灭泄漏处的火焰。喷水冷却容器，尽可能将容器从火场移至空旷处。 灭火剂：雾状水、抗溶性泡沫、二氧化碳、砂土。 【泄漏应急处置】 消除所有点火源。根据气体的影响区域划定警戒区，无关人员从侧风、上风向撤离至安全区。建议应急处理人员穿内置正压自给式空气呼吸器的全封闭防化服。如果是液化气体泄漏，还应注意防冻伤。禁止接触或跨越泄漏物。尽可能切断泄漏源。防止气体通过下水道、通风系统和密闭性空间扩散。若可能翻转容器，使之逸出气体而非液体。构筑围堤或挖坑收容液体泄漏物。用醋酸或其他稀酸中和。也可以喷雾状水稀释、溶解，同时构筑围堤或挖坑收容产生的大量废水。如有可能，将残余气或漏出气用排风机送至水洗塔或与塔相连的通风橱内。如果钢瓶发生泄漏，无法封堵时可浸入水中。储罐区最好设水或稀酸喷洒设施。隔离泄漏区直至气体散尽。漏气容器要妥善处理，修复、检验后再用。 隔离与疏散距离：小量泄漏，初始隔离30m，下风向疏散白天100m、夜晚200m；大量泄漏，初始隔离150m，下风向疏散白天800m、夜晚2300m

9.4.4　危险、有害因素辨识

为了使得危险、有害因素分析简洁、明了、易懂、全面，更贴近工厂实际，故在分析过程中主要依据 GB 6441—1986《企业职工伤亡事故分类》、GB/T 13861—2009《生产过程危险和有害因素分类与代码》进行事故分类。

该冷库液氨制冷过程中涉及的主要危险因素是火灾、爆炸、中毒和窒息、电气伤害、机械伤害、高处坠落、物体打击、车辆伤害、化学灼伤和淹溺；有害因素有：噪声、低温。

（1）火灾、爆炸危险性分析

① 生产运行

在正常生产运行过程中，氨在密闭系统内循环，制冷装置在正常运行时不会释放易燃物质，若压缩机、氨泵的轴封处和阀门、法兰、管件接头等密封处偶尔的、短时的发生泄漏，极易形成局部爆炸危险区。因为氨的比重很轻，在标准状态下，氨的相对密度是 $0.59kg/m^3$。其扩散能力较强，扩散系数为 $17\times10^{-2}cm^2/s$，一旦通风系统出现故障，极易达到爆炸极限。此时，如果再遇到电气设施不符合防爆要求；现场操作中使用非防爆工具；防雷设施无效的情况下遭受雷击以及违章动火；合成纤维、羊毛等服装摩擦产生静电火花等，可引起爆炸。

② 补氨过程

氨液滴漏、氨气从装卸口逸出。由于静电火花、电气火花、雷电火花、明火等因素，可引发燃烧、爆炸事故。其产生的原因如下：

- 氨液滴漏。装卸时管线破损，致使氨液跑、冒、滴、漏。
- 氨液从装卸口逸出。
- 产生静电火花或电气火花。车辆或罐体无防静电接地装置、接地装置损坏、接地电阻不符合安全要求、防静电接地装置损坏、防爆电气设备故障、现场人员使用手机、使用非防爆式照明灯具，均可导致产生静电火花或电气火花。
- 遭遇明火。氨液装卸现场人员吸烟或违章动火，导致明火产生。
- 发生燃烧、爆炸事故。溢、漏或逸出的氨液遇明火、静电火花、电气火花、雷电火花，可发生燃烧现象。若氨气经聚集后达到其爆炸极限，遇火源发生爆炸事故。

③ 检修过程

冷库由于其建筑结构及保温材料的特殊性，在施工、维修过程中，因操作人员的不慎导致冷库发生火灾事故的情况时有发生。

冷库建筑设计不规范，建筑耐火等级和安全疏散等满足不了规范要求。冷库未经任何防火处理，加之采用大量聚苯乙烯，纤维等易燃材料作为保温以及冷库内部堆放大量储物，使之存在许多不安全因素。

（2）中毒和窒息

氨为2.3类毒性气体，对人体具有一定的毒性。在氨冷冻循环系统工作过程中，若压缩机、冷凝器、中间冷却器等设备、管线、阀门等密封不良，可造成氨气泄漏，作业人员轻度吸入氨中毒表现有鼻炎、咽炎、气管炎、支气管炎。患者有咽灼痛、咳嗽、咳痰或咯血、胸闷和胸骨后疼痛等，低浓度的氨对眼和潮湿的皮肤能迅速产生刺激作用。

若氨储罐、蒸发器等设备设施腐蚀严重、未定期检验、安全附件失灵等造成储罐、管道、阀门破裂，液氨大量泄漏，可导致作业人员急性中毒。急性氨中毒主要表现为呼吸道粘膜刺激和灼伤。其症状根据氨的浓度、吸入时间以及个人感受性等而轻重不同。严重吸入中毒可出现喉头水肿、声门狭窄以及呼吸道黏膜脱落，可造成气管阻塞，引起窒息，吸入高浓度可直接影响肺毛细血管通透性而引起肺水肿。

（3）电气火灾危险性分析

由于电气设备、设施的安装、维护、管理、使用的不规范和电器产品质量的低劣不合格而引发的火灾事故也是屡见不鲜的。有统计分析，对于冷库来说，大约有 10% 的事故是由电气事故引起的。

① 电气火灾

企业变电站的变压器，高压配电柜，低压配电柜就是常发生电气火灾的部位，其发生火灾的原因主要有：

● 变压器选型与企业用电负荷不配套，变压器容量小于企业用电负荷，长时间超负荷运行，引起发热超过容许使用温度而发生绝缘材料击穿，电气短路引发火灾。

● 高低压配电柜，由于电气元、配件质量不好，绝缘性能不合格，接线不规范，接线端子接线松驰，线型选择过细，引起电气元件或端子接头发热打火引燃可燃物质发生火灾。高低压配电室门口未设挡鼠板或配电室的进线沟洞等不密封，配电室房屋结构不能阻挡老鼠等小动物打洞进入配电室，而发生动物啃咬电缆发生电气短路引起火灾。

● 电气线路，在架设电气线路时，因为选型不当，线径过细或由于生产改造或扩建增大用电负荷，而使电气线路负荷过大，电流升高，线路发热超标，而引起线路起火，引发火灾。

② 触电

在冷库整个库区范围内，从生产设施、办公配置、生活使用到信息、仪表等大量配备和使用各种各样电气设备。这些电气设备在保护失灵或者误操作或者带电作业时易发生人员的电气伤害事故，甚至造成人员伤亡。

③ 化学灼伤

液氨可致眼和皮肤灼伤。若制冷系统因设备故障、系统密封不良导致氨泄漏，在作业人员未佩戴防护措施的情况下接触人体裸露部位，可能会造成作业人员不同程度的灼伤，尤其是潮湿的皮肤或眼睛接触高浓度的氨气能引起严重的化学灼伤。

皮肤接触高浓度的氨可引起严重疼痛和烧伤，并能发生咖啡样着色。被腐蚀部位呈胶状并发软，可发生深度组织破坏，潮湿的皮肤接触高浓度的氨气能引起严重的化学烧伤。

高浓度蒸气对眼睛有强刺激性，可引起疼痛和烧伤，导致明显的炎症并可能发生水肿、上皮组织破坏、角膜混浊和虹膜发炎。多次或持续接触氨会导致结膜炎。

④ 噪声

在生产过程中，企业使用的氨制冷压缩机、机泵等设备运行过程中会产生一定的噪声。噪声对人体的作用可分为特异性作用（对听觉系统）、非特异作用（对其他系统）两类。对听觉系统的损害表现为暂时性听力下降和病理永久性听力损伤。长期接触噪声可引起头痛、头晕、耳鸣、心悸与睡眠障碍等神经衰弱综合症。在噪声作用下，植物神经调节功能发生变化，心血管疾病患病率增高。噪声还可影响消化系统的功能状态，表现为胃肠功能紊乱，消化能力减弱，食欲减退等，此外，长期接触噪声还会使人产生厌烦、苦恼、心情烦躁不安等心理异常表现。

另外，噪声还干扰信息交流，易使操作人员误操作发生率上升，影响安全生产，容易导致事故发生。

⑤ 低温

冷库在使用液氨的过程中，如因设备设施故障或误操作造成泄漏，由于液氨在空气中的快速挥发吸收了大量的热量，易在泄漏点附近形成局部低温环境，在处理事故时，如保护措施不到位，可能会对操作、维修人员造成低温危害。

特别是在低温库内工作时间长，对工作人员造成伤害。北方地区冬天气温较低，会对操作人员的身体造成伤害，危害工人的健康。低温对工艺设备、消防系统等都不同程度的不利影响，对检测设备设施也可能造成损坏。

冻库内用于制冷的氨蒸发器采用风冷式(非排管)，制冷机房通过 DN108 管道将液氨输送到冷库，通过冷库内氨分配站向各单元冷库的蒸发器供液氨，液氨在蒸发器内蒸发制冷，带走大量的热量，将库温降低到库存工艺温度即-18℃。蒸发后的氨气通过 DN200 氨气回收管道回送到制冷机房，经制冷压缩机组压缩散热后又变成可供制冷用的液氨，形成一个氨的循环。

9.4.5　危险性分析与可操作性研究 HAZOP

(1) HAZOP 研究的节点划分

连续工艺操作过程的 HAZOP 研究节点为工艺单元，而间歇工艺操作过程的 HAZOP 研究节点为操作步骤。工艺单元是指具有确定边界的设备单元和两个设备之间的管线；操作步骤是指间隙过程的不连续动作。对于连续的工艺操作过程，节点划分的原则为：从原料进入的工艺管道和仪表流程图开始，按 PID 流程进行直至设计思路的改变或继续直至工艺条件的改变或继续直至下一个设备。一个节点的结束就是一个新的节点的开始。

经研究分析，将液氨储罐以作为一个研究节点进行分析。

(2) HAZOP 研究的工艺引导词

对于每个节点，HAZOP 研究需要分析生产过程中工艺参数变动引起的偏差。确定偏差通常采用引导词法。即：偏差=引导词+工艺参数。引导词的名称和含义，见表9-13。

表 9-13　引导词的名称和含义

引　导　词	偏　差	含　　义	举例说明
NO	否	与原来的意图完全违背	输入物料流量为零
MORE	多	比正常值数量增加	流量/温度/压力高于正常值
LESS	少	比正常值数量减少	流量/温度/压力低于正常值
AS WELL AS	以及	还有其他工况发生	另外组分/物料需要考虑
PART OF	部分	仅完成一部分规定要求	两种组分/物料仅输送一种
REVERSE	相反	与规定要求完全相反	物料逆流、逆反应
OTHER THAN	其他	与规定要求不同	发生异常工况/状态

HAZOP 工艺引导词是多年经验的汇总，包含了化工、石油、石化行业内以前发生的事故教训。常见的工艺引导词有 24 个。见表 9-14。

表 9-14　工艺引导词一览表

序　号	引导词/差异	序　号	引导词/差异	序　号	引导词/差异
1	物流量	9	温度过高	17	辅助系统故障
2	逆向流	10	温度过低	18	不正常操作
3	流量过大	11	仪控	19	采样
4	流量过小	12	安全阀排放	20	维修
5	压力过大	13	污染	21	腐蚀/侵蚀
6	压力过小	14	化学品特性	22	设备布置
7	液位过高	15	破裂、泄露	23	以前的事故
8	液位过低	16	引燃	24	人为因素

（3）HAZOP 研究的结果报告

结果见表 9-15。

表 9-15　风险等级划分标准

风险等级	描　述	需要的行动	PHA 改进建议
Ⅳ级风险	严重风险（绝对不能容忍）	必须通过工程和/或管理上的专门措施，限期（不超过 6 个月）把风险降低到级别 Ⅱ 或以下	需要并制定专门的管理方案予以削减
Ⅲ级风险	高度风险（难以容忍）	应当通过工程和/或管理上的控制措施，在一个具体的时间段（12 个月）内，把风险降低到级别 Ⅱ 或以下	需要并制定专门的管理方案予以削减
Ⅱ级风险	中度风险（在控制措施落实的条件下可以容忍）	具体依据成本情况采取措施。需要确认程序和控制措施已经落实，强调对它们的维护工作	个案评估。评估现有控制措施是否均有效
Ⅰ级风险	可以接受	不需要采取进一步措施降低风险	不需要。可适当考虑提高安全水平的机会（在工艺危险分析范围之外）

通过分析，可得该制冷工艺是安全的：2 个Ⅰ级风险，属于可以接受风险，不需要采取进一步措施降低风险，7 个Ⅱ级风险，属于中度风险（在控制措施落实的条件下可以容忍），还有 1 个Ⅲ级风险，尽管已经采取了相应的措施，但一旦发生事故，将会造成人员伤亡、环境破坏和经济损失，需要制定专项应急预案。

制冷工艺过程的主要危险有害因素：火灾爆炸、容器爆炸、中毒窒息、低温冻伤、灼烫、车辆伤害、触电、机械伤害、起重伤害、物体打击、高处坠落、噪声以及其他危险有害因素等。

9.4.6　报警、联锁设置

工艺过程的控制、联锁、监测、记录、报警等功能由 PLC 控制系统完成，操作员能独立完成显示、操作、记忆、报表打印及维护等功能。各设备设置独立的控制器和控制柜，并且控制器采用冗余或容错结构，以保证系统的可靠性。参与联锁又参与控制的测点采用独立的现场测量元件。

该装置保护联锁逻辑能满足装置在各种运行工况和状态下，自动完成各种事故处理。

9.5 液氯使用设施

生产的主产品消毒液"次氯酸钠"其生产工艺为根据生产有效氯含量，按照配比，将水和氢氧化钠混合成氢氧化钠水溶液，泵入反应罐，进行通氯，进行过程中，控制温度在65℃以下，并进行监视，到反应彻底检验合格，泵入澄清槽。主要用于生活饮用水、工业水、工业污水、生活污水、河道水、游泳池水的杀菌消毒和除藻。也用于分解有机物，以及用作去铁、锰的助剂等(图9-4)。

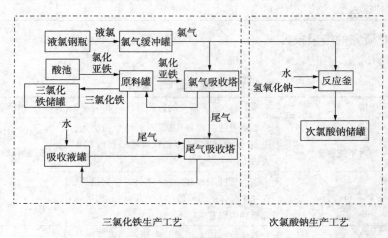

图9-4 工艺流程图

(1) 三氯化铁生产工艺

① 根据化验结果，以泵将反应所需的原料氯化亚铁打入生产车间的原料罐内，并在罐内加入铁块。

② 吸收液罐中加入水 1000kg，开启吸收液泵。

③ 启动循环泵，10min 后开启氯气钢瓶出口阀门，开始给氯气吸收塔通氯气。开启氯气瓶阀门，氯气由管道进入缓冲罐，经缓冲罐、流量计后进入第一吸收塔底部，氯气由下至上由管道进入第二吸收塔(塔内部分为 2 段)，氯化亚铁溶液用泵从反应釜打入塔内与氯气逆流吸收溶液再回到反应釜，如此循环往复达到工艺要求为止。

④ 反应约17h后，取样化验，溶液颜色为棕红色，相对密度达到1.4，二氯化铁含量在0.4%以下为合格，停止通氯气。

⑤ 反应过程中未参与反应的氯气从原料罐、氯气吸收塔塔顶进入尾气吸收塔塔底，被自上而下循环的吸收液吸收，流回吸收液罐。吸收液罐中水与废气反映生成盐酸、次氯酸，根据经验判断，颜色为淡黄色既更换吸收液。更换的吸收液可作为次氯酸钠生产的原料。

⑥ 在酸池中的氯化亚铁中加入铁块，可保证溶液中的 Fe^{2+} 含量及其化学性质的稳定，

反应过程中有氢气，经吸收塔吸收后放空。

$$3Fe^{2+}+Cl_2 \longrightarrow 2Fe^{3+}+2Cl^-$$
$$2NaOH+Cl_2 \longrightarrow NaCl+NaClO+H_2O$$
$$Cl_2+H_2O \longrightarrow HCl+HClO$$
$$Fe+2HCl \longrightarrow FeCl_2+H_2\uparrow$$

（2）次氯酸钠生产工艺

① 根据生产有效氯含量，按照配比将水和氢氧化钠溶液（32%）加入反应釜。

② 打开氯气瓶口阀门，氯气由管道进入缓冲罐，经缓冲罐、流量计后进入反应釜，反应进行过程中，以循环水控制温度在65℃以下。

③ 取样化验，有效氯含量达到10%，游离碱0.1%即为合格（反应约8h）。

④ 将产品以泵打入室外储罐中。

$$2NaOH+Cl_2 \longrightarrow NaCl+NaClO+H_2O$$

（3）报警、联锁设置

① 生产过程自控措施

该项目所有远传仪表信号传输至控制室内PLC控制系统，对本项目的生产系统控制参数等实现在线检测、指示、报警和安全联锁功能。重点控制参数安全联锁设置见表9-16。

表9-16　过程控制措施一览表

操作过程	控制参数	过程控制	
		执行元件	控制方案
三氯化铁工段	氯气吸收塔温度	氯气缓冲罐出口调节阀	反应时，温度超过70℃，关闭阀门
	氯气钢瓶重量	氯气钢瓶出口切断阀	氯气钢瓶质量大于≥505kg（氯气钢瓶皮重500kg）时切断液氯出口切断阀
	氯气缓冲罐压力	氯气钢瓶出口切断阀	氯气缓冲罐压力超过0.3MPa时切断液氯出口切断阀
次氯酸钠工段	反应釜温度	氯气缓冲罐出口调节阀	反应时，温度反应温度65℃，温度降低，开大阀门，反之关小阀门

② 控制、联锁阀门的设置

系统控制、联锁阀门设置见表9-17。

表9-17　系统控制、联锁阀门设置一览表

序号	阀门编号	名称	介质	型号	数量/个	功能	备注
1	SV-001	V0101液氯钢瓶出口切断阀门	氯气	M30电磁切断阀	4	防止超压、保证钢瓶剩余量	
2	FV-0102	V0102氯气缓冲罐出口调节阀门	氯气	ZSJP电动调节阀	4	防止反应剧烈、超温	

③ 自控系统组成

该项目在控制室，设置一套PLC控制系统。PLC系统厂家应按PLC系统I/O信号一览表配备对应的系统硬件和软件，包括操作站和工程师站等。系统供电配备UPS电源。

④ 有毒气体检测设置

根据 GB 50493—2009《石油化工可燃气体和有毒气体检测报警设计规范》,对该项目有毒可燃气体检测报警器进行重新设计(表9-18 和表9-19)。

表9-18　有毒气体检测装置设置一览表

作业场所	可燃气体检测器					总数量/个	备注
	型号	数量/个	检测点	标高	检测介质		
生产车间	ES2000T	11(新增9个)	设备管道法兰和阀门	释放源上方0.5m	氯气	11	详见"有毒气体检测布置图"

注:1. 有毒气体的报警设定值小于或等于100%最高容许浓度/短时间接触容许浓度。

2. 有毒气体检测器自带小型现场声光报警器。

3. 另配备2台便携式有毒气体检测器。

表9-19　控制器(主机)设置一览表

作业场所	控制器(主机)		报警器位置	备注
	型号	数量/台		
生产车间	TON90B	2	PLC控制室	底边距地面1.2m

氯气是一种强烈的刺激性气体,经呼吸道吸入时,与呼吸道黏膜表面水分接触,产生盐酸、次氯酸,次氯酸再分解为盐酸和新生态氧,产生局部刺激和腐蚀作用。该物质被列入《剧毒化学品目录》。其职业接触限值MAC(最高容许浓度)为1mg/m³。

生产过程中使用的氯气通过气瓶、缓冲罐、连接管道进入反应容器。如果气瓶、缓冲罐、管道、阀门等处出现泄漏,氯气会积聚造成空气中的浓度上升,如果因通风不良,职工防护不到位,就会发生氯气中毒、窒息事故。

进入相对密闭空间进行作业时,如果不严格按照规定办理"进罐作业票",并进行可燃物料、有毒物料、氧含量的分析,则有可能导致人员中毒和窒息。

处置程序:人员迅速撤离污染区至上风处,并立即进行隔离,小泄漏时隔离150m,大泄漏时隔离450m。现场负责人应立即组织应急处理,尽可能切断泄漏源,抢救中毒者。抢修、抢救人员必须佩戴空气(氧气)呼吸器,穿全身橡胶防毒衣。泄漏和中毒一般处置程序见表9-20。

表9-20　泄漏和中毒一般处置程序

序号	任务	主要工作内容
1	侦察、检测	(1)侦察事件现场,确认以下情况: a)被困人员情况; b)容器储量、泄漏量、泄漏部位、形式; c)设施、建(构)筑物险情及可能引发爆炸燃烧的各种危险源; d)现场及周边污染情况。 (2)检测泄漏物质、浓度、扩散范围,特别是下水道、密闭的建构筑物质浓度及范围。 (3)测定风向、风速等气象数据。 (4)了解周边单位、居民、地形、电源、点火源等情况

序号	任 务	主要工作内容
2	隔离、疏散	根据现场侦检情况确定警戒区域，进行警戒、疏散、交通管制： （1）将警戒区域划分为重危区、中危区、轻危区和安全区，并设立警戒标志，在安全区外视情设立隔离带。 （2）合理设置出入口，严格控制各区域进出人员、车辆、物资，并进行安全检查、逐一登记。 （3）将警戒区及污染区内与事故应急处理无关的人员撤离；应向上风方向转移；明确专人引导和护送疏散人员到安全区，并在疏散或撤离的路线上设立哨位，指明方向。 （4）如事故物质有毒时，需要佩戴个体防护用品或采用简易有效的防护措施，并有相应的监护措施。 （5）注意不要在低洼处滞留，要查清是否有人留在污染区
3	控制泄漏源	（1）采用关闭阀门、停止作业或迅速将泄漏液氯罐浸入碱液池中。 （2）采用合适的材料和技术手段堵住泄漏处。所有堵漏行动必须采取防爆措施，要有监护人，必要时用水枪、水炮掩护
4	对泄漏物的处理	（1）围堤堵截：泄漏到地面上时会四处蔓延扩散，难以收集处理。为此需要筑堤堵截或者引流到安全地点。要及时关闭雨水阀，防止物料沿明沟外流。 （2）稀释：为减少大气污染，通常是采用水枪或消防水带向有害物蒸气云喷射雾状水，加速气体向高空扩散，使其在安全地带扩散。在使用这一技术时，将产生大量的被污染水，因此应通污水排放系统。还可以在消防车、洗消车、撒水车水罐中加入中和剂，驱散、稀释、中和。 （3）覆盖：对于液体泄漏，为降低物料向大气中的蒸发速度，可用泡沫或其他覆盖物品覆盖外泄的物料，在其表面形成覆盖层，抑制其蒸发。 （4）收容（集）：对于大型泄漏，可选择用隔膜泵将泄漏出的物料抽入容器内或槽车内；当泄漏量小时，可用沙子、吸附材料、中和材料等吸收中和。 （5）废弃：将收集的泄漏物运至废物处理场所处置。用消防水冲洗剩下的少量物料，冲洗水排入含油污水系统处理
5	现场急救	（1）将染毒者迅速撤离现场，转移到上风或侧上风方向空气无污染地区。 （2）有条件时应立即进行呼吸道及全身防护，防止继续吸入染毒。 （3）对呼吸、心跳停止者，应立即进行心脏挤压，采取心肺复苏措施，并给予氧气。 （4）立即脱去被污染者的服装；皮肤污染者，用流动清水或肥皂水彻底冲洗；眼睛污染者，用大量流动清水彻底冲洗。 （5）做好自身及伤病员的个体防护。 （6）严重者送医院观察治疗
6	洗消	（1）在危险区与安全区交界处设立洗消站。 （2）洗消的对象：轻度中毒的人员、重度中毒人员在送医院治疗之前、现场医务人员、消防和其他抢险人员以及群众互救人员、抢救及染毒器具。 （3）使用相应的洗消药剂。 （4）洗消污水的排放必须经过环保部门的检测，以防造成次生灾害
7	清理	（1）少量残液，用干砂土、水泥粉、煤灰、干粉等吸附，收集后作技术处理或视情倒至空旷地方掩埋；对与水反应或溶于水的也可视情直接使用大量水稀释，污水放入废水系统。 （2）大量残液，用防爆泵抽吸或使用无火花盛器收集，集中处理。 （3）在污染地面上洒上中和或洗涤剂浸洗，然后用大量直流水清扫现场，特别是低洼、沟渠等处，确保不留残液。 （4）清点人员、车辆及器材。 （5）撤除警戒，做好移交，安全撤离

序号	任务	主要工作内容
8	环境保护措施	(1)对场内泄漏液体物料,立即进行、回收、挖坑、引流、处理,关闭清污分流切换阀,同时对装置区域清净下水总排放口进行截堵。在水质突变的情况下,紧急投用事故污水调节罐或污水池。 (2)对场外泄漏和污水总排放口,加强监测,对外排到河道的污染物进行围堵和截堵

进入泄漏现场进行处理时,要注意安全防护

(1)进入现场救援人员必须配备必要的个体防护器具;

(2)根据泄漏物品的毒性及划定的危险区域,确定相应的个体防护等级;

(3)如果泄漏物是易燃易爆的,事故中心严禁火种、切断电源;

(4)应急处理时严禁单独行动,要有监护人,必要时水枪、水炮掩护

(4)处置措施

① 氯气泄漏:在生产使用储存氯气过程中,氯气发生泄漏,首先生产现场人员先穿戴好防护用品,防毒面具,在确保人身安全的前提下方可实施抢救,救援工作。

② 生产现场人员进入事故场后,首先开启氯气回收装置,浓度大应立即用捕消器降低浓度,然后再采取各种应急措施。

③ 如果是连接氯气瓶的生产管道出现泄漏,生产现场人员应穿戴好防护保护用品启动氯气回收装置,立即关闭氯气钢瓶阀门,关闭缓冲罐阀门,用胺水查找泄漏点,进行更换、堵漏工作,防止泄漏事故继续发展,造成更严重事故。在更换堵漏工作完成后,再进行试漏捡查,再确认安全后,方可进行生产工作。

④ 如出现氯气瓶瓶阀泄漏时,无法关闭,当事人应及时用准备好的六角螺帽拧在破损的钢瓶嘴上,然后用胺水进行检测,确认氯气完全无泄漏之后,请生产厂家、相关部门以及专家协商解决的方案方法。就地进行解决或运回生产厂家进行解决。

⑤ 如出现易熔塞松动与瓶体分离或推动密封作用,造成氯气泄漏,生产现场人员应及时用事前准备好的易熔塞进行补拧,在确定完全拧紧后,再进行检测,必须确保安全为止。

⑥ 如意外出现瓶体漏气,生产现场人员应根据泄漏的实际情况采取如下措施:用竹签、木签、铅丝进行堵漏。用橡胶垫、卡箍、装卡紧固进行封堵,用密封胶带进行粘补堵漏,用胶皮垫安全胶圈用铁丝进行捆绑,堵漏。

注:以上无论使用哪一种方法解决氯气泄漏事故,在解决泄漏事故后都应用胺水进行检测,在确认安全,无泄漏为止,如还存在安全隐患,应及时与生产家联系,会同有关专家进行隐患排除,直至完全解决为止。

⑦ 如果氯气钢瓶任何部位出现泄漏采取了各种堵漏措施,生产现场人员无法自救和控制,当事人应立即向领导通报,并简单扼要说明情况,指挥员接到报告后,根据所了解掌握的情况和信息,迅速启动应急救援预案,迅速组织救援人员赶赴事故地点,抢险人员迅速戴好防毒面具,穿好胶鞋,戴好橡胶手套,个人防护用品进入事故现场,听从现场指挥员统一指挥。统一调动,抢险人员按照事故应急救援的组织机构、程序、救援阶段的职责、方法迅速展开事故抢险。

在救援抢险过程中抢险人员要采取以下三种救援措施:

a. 生产现场迅速启动氯气回收装置,将泄漏的氯气通过地沟、排气管道吸排入氢氧化

钠储存罐中，使之发生中和反应，将氯气吸收，使事故现场氯气浓度降低减小，消除危险，减小危害。

b. 生产现场人员迅速将氯气钢瓶准确的浸入水池中，并立即向水池中加入氢氧化钠，保证氯气不外冒，使之与池中的水碱溶液中和，直至瓶中氯气中和完为止。

c. 生产现场人员利用消防栓、消防水带、消防枪对氯气泄漏现场进行喷洒，以降低氯气在空气中的浓度。防止、减少向外扩散，直到消除危险，确认安全为止，单位自救终结。

消除方法：抢修中应利用现场机械通风设施和事故氯气处理装置等，降低现场氯气浓度。喷雾状水稀释、溶解。构筑围堤或挖坑收容产生的大量废水。钢瓶泄漏液氯时，应转动钢瓶，使泄漏部位位于氯的气态空间；瓶阀泄漏时，拧紧六角螺母；瓶体焊缝泄漏时，临时采用内衬橡胶垫片的铁箍箍紧。如有可能，将漏气钢瓶浸入石灰乳液中。凡泄漏钢瓶应尽快使用完毕，返回生产厂。

为明确安全责任，加强对液氯等危险化学品单位的安全管理，应根据《危险化学品安全管理条例》、《特种设备安全监察条例》的规定，做好如下工作：

① 有关大专院校、水厂、医院、游泳场馆等液氯及其他危险化学品使用单位应按《危险化学品安全管理条例》的规定，开展危险化学品安全检查，尤其是对剧毒危险化学品的采购、运输、使用等环节，要明确责任、加强管理，确保危险化学品的安全使用。

② 液氯等剧毒危险化学品使用单位必须取得公安部门颁发的《剧毒化学品购买凭证》，必须到经交通部门认定的有运输资质的单位进行运输。要采取切实有效措施，确保对液氯等剧毒危险化学品实行统一采购、专业运输、规范管理、安全使用的全过程监控。

③ 液氯等危险化学品经营单位必须取得安全生产监管部门颁发的《危险化学品经营许可证》；液氯等剧毒危险化学品运输单位必须持有公安部门核发的剧毒化学品公路运输通行证。对盛装气体的气瓶充装单位必须取得质量技监部门颁发的《气瓶充装许可证》。

④ 液氯等危险化学品使用单位应加强对特种作业人员的专业技能培训，制订切实可行的事故应急救援、处置预案。

⑤ 气瓶充装单位必须严格按照国家有关规定充装自有产权气瓶，向气体使用者宣传安全使用知识，并对气瓶的安全全面负责；要加强对气瓶流通环节的管理，对气瓶实施全过程跟踪管理，以防气瓶被擅自丢弃或转售。

⑥ 液氯等危险化学品使用单位应将自查情况以及整改计划，应加强督促并严格检查整改落实情况，以消除安全隐患。

9.6　医用氧气设施

通常平原地区空气中的含氧量约为 20.95%。空气中的含氧量根据海拔高度(大气压)不同会有差异，基本上海拔 3000m 处氧气含量约为平原的 70%，海拔 5500m 处氧气含量约为平原的 50%，拉萨海拔 3700m 左右，氧气含量约为平原的 60%，氧气含量为 12%~15%，人的呼吸就会急促、头痛、眩晕、浑身疲劳无力，动作迟钝。因此补充氧气、氧疗逐渐增多，医用氧气瓶也进入百姓家庭、宾馆、办公室。但医用氧气瓶属于压力容器，使用中具有一定危险性，被国家列入特种设备进行管理。医院和个人如何加强对医用氧气瓶安全管理尤为重要。

9.6.1 采购

随着家庭氧疗逐渐增多，医用氧气瓶也进入百姓家庭．医用氧气瓶属于压力容器，使用中具有一定危险性，被国家列入特种设备进行管理，医院和个人如何加强对医用氧气瓶安全管理尤为重要。

医用氧气瓶主要用于人口密集的医院里，要求医院气瓶采购部门要更严格把好质量关，应熟悉有关的安全监察规程及氧气瓶的规格、质量、安全要求等规定；除采购普通气瓶(容积38~42L)外，有的医院还采购各种小容积气瓶、家庭供氧器和急救箱。氧气瓶采购前，应清楚所需氧气瓶的技术参数，如盛装的介质、公称工作压力、公称容积等；签定购货合同前，应核实气瓶的制造厂是否具有氧气瓶制造许可证。购货合同中应明确氧气瓶的主要技术数据；购置的气瓶应出具完整的厂家制造许可证和产品出厂检验合格证等质量证明文件。建议采购气瓶尽量从大型氧气瓶制造厂购买。

9.6.2 储存

氧气瓶储存时，空瓶与实瓶实行分开。氧气瓶库应符合《建筑设计防火规范》。

氧气瓶库通风、干燥，防止雨(雪)淋、水浸，避免阳光直，装卸、运输设施完备。氧气瓶库内照明灯具及电器设备采用防爆型的。

满瓶一般立放储存，并设有栏杆或支架加以固定，以防倾倒；氧气瓶卧放时，头部朝向同一方向，并防止滚动。氧气瓶排放整齐，固定；数量、号位的标志明显，氧气瓶排间留有通道。

氧气瓶库内有明显的"禁止烟火""当心爆炸"等各类必要的安全标志，备有足够数量的消防器材。

实瓶的储存数量适当限制，在满足当天使用量和周转量的情况下，应尽量减少储存量。

设立专人负责氧气瓶管理工作。仓库管理员负责氧气瓶储存、发放、建立并登记台账等工作；并对回收的空瓶进行目测检查，发现氧气瓶有影响安全使用的问题，应及时通知安全管理部门。氧气瓶库要帐目清楚、数量准确、按时盘存、帐物相符。

9.6.3 运输和装卸

氧气瓶在运输和装卸气瓶时，必须配好瓶帽、旋紧，防止瓶阀受力损伤。装卸中轻装轻卸，严禁抛、滑、滚、碰。装运氧气瓶时，应妥善固定；氧气瓶卧放时，头部(瓶阀端)应朝向同一侧，垛放高度应低于车厢高度；同一运输仓内(如车厢、集装箱、货仓)应尽量装运同一种气体气瓶。严禁将装有易燃、易爆、毒性、腐蚀性和具有危害的异种气体气瓶同仓运输。夏季加以适当遮盖，防止日光曝晒；车上严禁烟火。短距离移动气瓶时，使用专用小车；人工搬运气瓶，要求手盘瓶肩，转动瓶底，不得拖曳、滚动或用脚蹬踹。

对运输人员和搬运气瓶的操作人员，严格按《气瓶安全监察规程》和《消防法》内容进行专业安全技术教育，使之掌握有关常识及消防器材使用方法。

9.6.4 使用前的准备和检查

气瓶在使用过程中，由于瓶内的介质腐蚀，受疲劳引起的强度变化，或产生残余变形以及使用环境的影响等，使得氧气瓶的使用寿命有限。为了保证氧气瓶在充装、使用、储存、运输过程中的安全，必须对氧气瓶定期进行技术检验。

根据国家规定医用氧气瓶的检验周期：每3年检验1次。医院必须委托有《无缝气瓶检验》资质的单位进行钢瓶检验。

医院操作人员要熟悉刻印在气瓶肩部上钢印标记的内容，应有：①制造厂名称或代号；②气瓶编号；③安全监督部门的监督检验钢印；④试验压力；⑤公称工作压力；⑥实际容积；⑦实际重量；⑧瓶体最小壁厚；⑨制造厂检验标记；⑩制造年、月。

经过定期检验的在用氧气瓶还应打印检验钢印标记：检验单位代号，检验年、月，下次检验年。对使用中的氧气瓶进行检查，发现有严重腐蚀、损伤或对其安全可靠性有怀疑时，应立即停止使用，并报告有关部门进行处理。任何使用单位和个人均不得对充装和检验单位打印、喷涂、安装的单位编号、标识、标签进行人为破坏。

在用气瓶前应进行全面检查，如发现气瓶颜色、钢印等辨别不清、检验超期、气瓶损伤(变形、划伤、腐蚀等)、气体质量与标准规定不符等现象，都拒绝使用，并妥善处理。使用气瓶时，一般立放，不得靠近火源。气瓶与明火距离、可燃与助燃气体气瓶之间的距离，不得小于10m。气瓶要防止暴晒、雨淋、水浸。禁止敲击、碰撞气瓶。严禁在瓶上焊接、引弧，不准用气瓶做支架、铁砧。开启瓶阀应轻缓，操作者应站在瓶阀出口的侧面。关闭瓶阀应轻而严，不能用力过大，以免关的太紧、太死。注意保持气瓶及附件清洁、干燥，防止沾染油脂、腐蚀性介质、灰尘等。气瓶阀结霜、冻结时，不得用火烤。可将气瓶移入室内或气温较高的地方，或用40℃以下的温水冲浇，再缓慢打开瓶阀。气瓶内气体不得用过尽，应留有剩余压力(余压)，余压不应低于0.05MPa。氧气瓶使用完毕，应送回氧气瓶库妥善保管。氧气瓶使用者不得修理、改造或改装气瓶，不得擅自拆卸气瓶上的瓶阀等附件。严禁改变气瓶颜色、标记等。医用氧气瓶外表面应为淡酞蓝漆色，"医用氧"黑字标志清晰，表面光滑、无锈屑、氧化皮等机械杂质，清洁卫生无污染。严格执行国务院颁布的《特种设备安全监察条例》(国务院令373号)和国家质量监督检验检疫总局颁发的《气瓶安全监察规定》(国家质检总局令第46号)，确保安全工作，规范氧气瓶的安全管理。对氧气瓶进行动态管理，建立氧气瓶电脑数据库，对氧气瓶收发、储存、使用、定期检验等环节的现场操作数据进行采集登记；对异常的氧气瓶进行报警、提示，实现气瓶安全管理的信息化、自动化。

检查氧气储量、打开气瓶开关，观察氧压表的指示，即可知储氧瓶内的储氧量，如压力氧量小于1MPa时，应补充医用氧气。

9.6.5 加湿器的使用

使用时拧下上盖，往加湿器中加入蒸馏水或冷开水至上下水位标线之间。拧紧上盖，水位低于下标线时及时补加水。

按加湿器上部的标记，将供氧器出氧管接到加湿器的供氧嘴上，将吸氧管接到加湿器的出氧嘴上，切勿接反。使用前仔细检查导氧管、吸氧管、加湿器，是否清洁。当氧气通过加湿器时，可以看到杯内有气泡出现，表示加湿器工作正常。

9.6.6 吸氧方式

（1）鼻塞插入吸氧

① 缓慢打开氧压开关，氧压表立即显示瓶内氧气压力；

② 再缓慢地开启流量开关，根据需调节至适当流量在将输氧鼻塞插入鼻腔，即可吸氧，普通病人吸氧，氧流量一般为 1~1.5L/min，抢救危重病人，氧流量一般为 4~5L/min；

③ 吸氧完毕，先拔出鼻塞关闭氧压开关，待压力降至 0 时，再关闭流量调节阀；

④ 吸氧完毕，洗净湿化瓶，将湿化瓶与主体拧在一起存放。

（2）弥散氧自由呼吸

弥散氧就是通过提高相对封闭空间（比如卧室、办公室等）的氧含量（氧浓度）来改善人体所在的外环境，使人体处在一个富氧的环境中，从而达到改善人体呼吸内环境，促进代谢过程的良性循环，以达到缓解缺氧症状、促进康复和预防病变，增进健康的目的。

同传统吸氧方式相比，弥散氧是直接提高人体所处环境的氧含量，不需要佩带各种呼吸面罩或者喷嘴，解除了传统吸氧方式的各种束缚，使人体能在一个舒服、自由甚至毫无察觉的条件下进行氧保健，甚至可以连续 24h 不间断使用，使工作、休息都能保持在一个富氧环境中。弥散氧保健，无需专门指导，相对于传统吸氧方式有效的避免了因为吸取纯氧和高压氧所引起的氧中毒的风险。

在 3700m 海拔的情况下要达到 1600m 海拔下的氧分压的值，其室内的氧气纯度（体积比）要控制在 25.66% 以上。这个纯度值可以做为设备实验和自动控制的参考值。

假设 3h 的弥散空间氧浓度提升时间，30% 的持续弥散泄露量（试验数据），以及 2 人的耗氧量（平均每人每小时耗氧量 22L），90% 的供氧纯度，所需氧气流量（Q）为

$$Q = [1.404 \times (1+30\%)/3 + 2 \times 0.022]/0.9$$
$$= 0.725 \text{m}^3/\text{h}(0℃，101.325\text{kPa})$$

根据以上计算，初步确定氧气瓶释放氧气量为 1.0m³/h（0℃，101.325kPa）。

9.6.7 注意事项

• 充装氧气必须到法定的医用氧气充装站。

• 加湿器严禁倾斜。

• 使用环境温度不得超过 40℃。

• 气瓶开关，开启与关闭应缓慢，不要用力过猛。

• 供氧器应严禁沾染油污，严禁碰撞，扔摔，远离热源、火种及易燃易爆物品，避免强日光直接照射，不得粘贴橡皮膏。

• 非使用期间，气瓶开关必须处于关闭状态。

• 气瓶内氧气压力不得低于 1MPa。

• 产品出现故障，不能继续使用，也不得随意拆卸，及时和经销商或厂家联系。

• 按瓶肩部钢印时间，每 3 年送具备法定资格的检验单位进行检验。

• 缺氧性疾病患者，应在医生指导下选择氧流量大小。

• 在排除氧气瓶或氧化性气瓶的瓶阀故障时，事先必须将双手、面部沾染的油脂洗净，不准穿戴沾染油脂的工作服和手套。瓶阀及其附近倘有油脂亦需用溶剂擦净。

• 在购置气瓶时，把随瓶附带的合格证和气瓶说明书、批量检验证书等有关技术资料妥善保存。

在一般环境中，人们吸进的空气，按体积计算，氧气占 20.93%，二氧化碳占 0.03%；呼出的气体中，二氧化碳上升到约占 3.5%，氧气下降到约占 17%。据统计，成年人在静息状态下，每分钟吸入空气 6.5L 左右，那么每天则需吸入近万升的空气。空气中正常含氧量为 21%，氧含量缺少时，就会导致人员窒息。当氧气含量为 12%~15%时，人的呼吸就会急促、头痛、眩晕、浑身疲劳无力，动作迟钝；当氧气含量为 10%~12%时，人就会出现恶心呕吐、无法行动乃至瘫痪；当氧气含量为 6%~8%时，人便会昏倒并失去知觉；当氧气含量低于 6%时，6~8min 的时间内，人就会死亡；当氧气含量为 2%~3%时，人在 45s 内会立即死亡。

附　　录

附录1　修改和废止部分规章及规范性文件的决定

为维护安全生产法制统一，推进依法治安，国家安全生产监督管理总局对部分规章及规范性文件进行了清理。国家安全生产监督管理总局令第89号公布了《国家安全监管总局关于修改和废止部分规章及规范性文件的决定》。经过清理，将《危险化学品安全使用许可证实施办法》（2012年11月16日国家安全生产监督管理总局令第57号公布，根据2015年5月27日国家安全生产监督管理总局令第79号修正）第九条、第十八条、第二十四条中的"安全资格证"修改为"安全合格证"。废止了《化工（危险化学品）企业保障生产安全十条规定》（国家安全生产监督管理总局令第64号）、《非煤矿山企业安全生产十条规定》（国家安全生产监督管理总局令第67号）、《严防企业粉尘爆炸五条规定》（国家安全生产监督管理总局令第68号）、《有限空间安全作业五条规定》（国家安全生产监督管理总局令第69号）、《企业安全生产风险公告六条规定》（国家安全生产监督管理总局令第70号）、《安全评价与检测检验机构规范从业五条规定（试行）》（国家安全生产监督管理总局令第71号）、《劳动密集型加工企业安全生产八条规定》（国家安全生产监督管理总局令第72号）、《企业安全生产应急管理九条规定》（国家安全生产监督管理总局令第74号）、《用人单位职业病危害防治八条规定》（国家安全生产监督管理总局令第76号）、《油气罐区防火防爆十条规定》（国家安全生产监督管理总局令第84号），相关工作要求按有关规定执行。

附录2　安全禁令和要求

国家安全监管总局提示：

严禁培训不合格人员和无相关资质承包商进入油气罐区作业，未经许可机动车辆及外来人员不得进入罐区。

严禁未进行气体检测和办理作业许可证，在油气罐区动火或进入受限空间作业。

严禁向油气储罐或与储罐连接管道中直接添加性质不明或能发生剧烈反应的物质。

严禁油气罐区设备设施不完好或带病运行；严禁内浮顶储罐运行中浮盘落底；严禁油气储罐超温、超压、超液位操作和随意变更储存介质。

严禁关闭在用油气储罐安全阀切断阀和在泄压排放系统加盲板；严禁停用油气罐区温度、压力、液位、可燃及有毒气体报警和联锁系统。

严禁在油气罐区手动切水、切罐、装卸车时作业人员离开现场；严禁在油气罐区使用非防爆照明、电气设施、工器具和电子器材。

严禁危险化学品运输车辆超速、超载、疲劳驾驶、不按规定路线行驶，防止发生爆炸、泄漏等事故。遇危险化学品事故时，应向上风或侧风方向撤离，按照统一的撤退信号和撤退方法及时有序撤退。

严禁未经审批进行动火、受限空间、高处、吊装、临时用电、动土、检维修、盲板抽堵等作业；严禁违章指挥和强令他人冒险作业；严禁违章作业、脱岗和在岗做与工作无关的事。

严禁设备设施带病运行和未经审批停用报警联锁系统；严禁可燃和有毒气体泄漏等报警系统处于非正常状态。

要严格管控人员密集场所人流密度。严格审批、管控大型群众性活动，建立大型经营性活动备案制度和人员密集型作业场所安全预警制度，加强实时监测，严格控制人流密度。

要提高危险货物运输车辆制造安全技术标准及安全配置标准，强力推动企业采取防碰撞、防油料泄漏新技术，强化动态监控系统应用管理。

要完善建设项目安全设施和职业病防护设施"三同时"制度，从严审查煤矿、非煤矿山、危险化学品生产储存、烟花爆竹生产储存、民用爆炸物品生产、金属冶炼等建设项目安全卫生设施设计。

要严格控制煤矿、金属非金属矿山、危险化学品、烟花爆竹、涉爆粉尘等高风险作业场所操作人员数量，推进机器人和智能成套装备在工业炸药、工业雷管、剧毒化学品生产过程中的应用。

要加快更新淘汰落后生产工艺技术装备和产品目录，加强对明令禁止或淘汰的工艺技术装备和产品使用情况的监督检查，加快淘汰不符合安全标准、安全性能低下、职业病危害严重、危及安全生产的工艺技术装备和材料。

要加快淘汰退出落后产能。对《产业结构调整目录(2011年本)(修正)》淘汰类工业技术与装备的产能，严格按照规定时限或计划进行淘汰。对限制类、淘汰类的矿山、危险化学品、民用爆炸物品、烟花爆竹、金属冶炼等建设项目不得核准。

要把安全生产作为高危项目审批前置条件，严格规范矿山建设项目安全核准(审核)、项目核准和资源配置的程序。推动建立涉及"两重点一重大"(重点监管危险化工工艺、重点监管危险化学品和重大危险源)建设项目前期工作阶段部门的联合审批制度，对不符合安全生产条件的项目不予核准。

要合理确定企业准入门槛，根据法律法规、标准规范、产业政策和本地区行业领域实际，明确高危行业领域企业安全准入条件，审批部门对不符合产业政策、达不到安全生产条件的企业一律不予核准。

要把安全风险管控、职业病防治纳入经济和社会发展规划、区域开发规划，把安全风险管控纳入城乡总体规划，实行重大安全风险"一票否决"。

要充分发挥安全生产预警和应急协调联动机制的作用，加强灾害性天气、地质灾害等预测预报和人流、车流监测，及时发布预警信息。

要深入排查劳动密集型企业、学校、宾馆饭店、商场、市场、娱乐场所、社会福利机构和"三合一""多合一"等人员密集场所的消防设施缺失损坏、安全出口疏散通道堵塞锁闭和违规住人等消防安全隐患，强化安全管理，防范和遏制各类火灾事故发生。

要加大安全宣传教育的工作力度，充分利用互联网、广播电视等媒体广泛进行安全提示，督促指导企业、社区落实安全防范措施。

要按照《危险化学品企业事故隐患排查治理实施导则》要求排查治理隐患。

要建立健全并严格落实全员安全生产责任制，严格执行领导带班值班制度；必须严格管控重大危险源，严格变更管理，遇险科学施救。

要设立化工(危险化学品)企业，证照齐全有效；要确保从业人员符合录用条件并培训合格，依法持证上岗。

要进一步加强春季海上恶劣天气预警预报工作，完善气象广播、电视、手机短信、报纸、网络等多种播报、接收方式，确保渔业船舶及时准确获取灾害性天气预报预警信息，及时禁航、返航或者抛锚扎雾、避风，保障作业安全。

要加大道路交通、水上交通、铁路和民航安全监管执法力度，严厉查处超速、超员、超载、疲劳驾驶、非法载客以及违规冒险等严重违法违规行为；要落实公路、铁路、民航、轮渡以及车站、机场、码头的安全措施，加强恶劣天气下安全管理、疏导管控和应急保障，确保安全有序。

要督促建设、施工等企业进一步加强安全管理，深入细致对在建道路、桥梁、房屋等重点建设项目工地进行安全检查，坚决杜绝盲目赶工期、抢进度施工行为，严防坍塌、坠落、起重机倒塌等事故。

要加强危险化学品和化工生产、储存单位认真落实冬季防冻防凝措施，严防气温骤变引发危险化学品着火、爆炸、中毒事故。

要加强对已关闭矿井、停产整顿矿井和尾矿库、排土场等的巡查监控力度，严防违法违规恢复生产和垮坝、坍塌等事故发生；要加强对非煤矿山、危险化学品、民用爆炸物品、电力、旅游等重点行业领域进一步深化安全大检查，及时整改消除隐患，严厉打击违法违规生产经营建设行为。

要立即组织开展建筑施工预防坍塌事故专项检查。重点整治各类高处施工平台、起重机械、架桥机、脚手架、模板支撑体系等各环节存在的安全隐患和违规作业行为，坚决防范和遏制建筑施工领域重特大事故。

要严格落实建设工程相关企业安全生产主体责任。依法督促建设、施工、设计、监理等建设工程各方落实主体责任，特别是建设单位要严格工程承包管理，加强工期管控，合理统筹组织施工。

要切实落实建设工程行业主管部门监管责任。各建设工程有关主管部门特别是电力行业主管部门要按照"管行业必须管安全、管业务必须管安全、管生产经营必须管安全"和"谁主管谁负责"的原则，进一步加大日常监管执法力度，及时发现问题和隐患，限期整改，跟踪落实，严厉打击非法违法行为，切实纠正违规违章现象，消除事故隐患。

参 考 文 献

[1] 胡永宁，马玉国，付林，等．危险化学品经营企业安全管理培训教程[M]．第二版．北京：化学工业出版社，2011．

[2] 李荫中．危险化学品企业员工安全知识必读[M]．北京：中国石化出版社，2007

[3] 徐厚生，赵双其．防火防爆[M]．北京：化学工业出版社，2004．

[4] 蒋军成．危险化学品安全技术与管理[M]．北京：化学工业出版社，2009．

[5] 付林，方文林．危险化学品安全生产检查[M]．北京：化学工业出版社，2015．

[6] 方文林．危险化学品基础管理[M]．北京：中国石化出版社，2015．

[7] 方文林．危险化学品法规标准[M]．北京：中国石化出版社，2015．

[8] 方文林．危险化学品应急处置[M]．北京：中国石化出版社，2015．

[9] 方文林．危险化学品生产安全[M]．北京：中国石化出版社，2016．

[10] 方文林．危险化学品经营安全[M]．北京：中国石化出版社，2016．